猪病类症鉴别与诊治
彩色图谱

陈立功　主编

化学工业出版社

·北京·

图书在版编目（CIP）数据

猪病类症鉴别与诊治彩色图谱／陈立功主编． —北京：
化学工业出版社，2022.12
ISBN 978-7-122-42292-7

Ⅰ．①猪…　Ⅱ．①陈…　Ⅲ．①猪病－鉴别诊断－图谱
②猪病－诊疗－图谱　Ⅳ．①S858.28-64

中国版本图书馆CIP数据核字（2022）第181259号

责任编辑：邵桂林　　　　　　　　　　　文字编辑：李玲子　陈小滔
责任校对：刘曦阳　　　　　　　　　　　装帧设计：史利平

出版发行：化学工业出版社（北京市东城区青年湖南街13号　邮政编码100011）
印　　装：北京缤索印刷有限公司
787mm×1092mm　1/16　印张19¼　字数441千字　2023年3月北京第1版第1次印刷

购书咨询：010-64518888　　　　　　　售后服务：010-64518899
网　　址：http://www.cip.com.cn
凡购买本书，如有缺损质量问题，本社销售中心负责调换。

定　　价：150.00元　　　　　　　　　　　　　版权所有　违者必究

编写人员名单

主　　编　　陈立功

副 主 编　　王小波　　张　芳　　肖　娜

　　　　　　董世山　　宋臣峰　　张宝贵

编写人员（按姓氏汉语拼音排序）

　　　　　　安同庆　　陈鸿军　　陈立功　　成宏光

　　　　　　崔雪霞　　董世山　　高　磊　　韩庆安

　　　　　　贺红涛　　李国芳　　李文娟　　刘　丽

　　　　　　吕建国　　宋臣锋　　孙洪国　　王小波

　　　　　　王学静　　肖　娜　　徐倩倩　　翟文栋

　　　　　　张宝贵　　张　超　　张　诚　　张　芳

　　　　　　张铁军　　张晓利　　赵茂华　　周曙光

　　改革开放以来，受经济持续高速增长、城乡居民收入水平不断提高和食物消费结构不断升级等导致的需求强力拉动影响，我国生猪产业一直保持着快速增长的趋势。2018年非洲猪瘟暴发后，我国生猪出栏量和猪肉产量明显下跌。2019 ~ 2022年中央一号文件明确要求严格落实扶持生猪生产的各项政策举措，加快构建现代养殖体系，健全生猪产业平稳有序发展长效机制，确保生猪产业安全、平稳发展。目前我国生猪存栏量、出栏量以及猪肉产量已经基本恢复到了非洲猪瘟之前的水平。

　　为了更好地支持生猪产业的发展，为生猪养殖的健康之路保驾护航，我们组织有关专家和一线工作人员编写了《猪病类症鉴别与诊治彩色图谱》一书。本书共分十二章，阐述了猪的77种疾病，每种疾病从病原（病因）、流行病学、临床特征、病理变化、实验室诊断、类似病症鉴别和防制方法等方面作了较为详细的阐述，并配以大量高清彩图，关键环节还配以动态视频，以做到直观明了、通俗易懂。全书内容丰富、图文并茂、实用性和可操作性强，可为猪病的防制提供较好的技术支持。本书不仅适合养猪企业、养猪家庭农场、养猪专业大户、基层畜牧兽医工作者、企业售后服务技术人员阅读，也可作为农业院校动物医学、动物科学及相关专业师生的参考用书和农村科技培训的辅助教材。

　　本书在编写过程中，参阅了有关资料，在此对相关资料的作者表示诚挚的感谢！由于篇幅所限，不能一一列出，敬请谅解。由于时间仓促，加之水平有限，书中疏漏之处在所难免，敬请同行专家、广大同仁和读者不吝赐教，给予指正，以便在修订时加以更正。

编者

2022年12月

目　录

第一章　猪病毒病的类症鉴别

第二章　猪细菌病的类症鉴别

第三章　猪寄生虫病的类症鉴别

第四章　猪螺旋体病的类症鉴别

第五章　猪支原体病的类症鉴别

第六章　猪附红细胞体病的类症鉴别

第七章　猪真菌病的类症鉴别

第八章　猪中毒病的类症鉴别

第九章　猪内科病的类症鉴别

第十章　猪外科病的类症鉴别

第十一章　猪产科病的类症鉴别

第十二章　猪营养代谢病的类症鉴别

参考文献

视频目录

编号	视频说明	二维码页码
视频2-6	猪链球菌病，病猪不愿活动，关节肿胀	149
视频2-7	猪链球菌病，关节肿胀	149
视频2-8	猪传染性胸膜肺炎，育肥猪呈犬坐姿势（大约19秒处）	160
视频2-9	猪传染性胸膜肺炎，病猪皮肤充血	161
视频2-10	副猪嗜血杆菌病，病猪精神沉郁、反应迟钝、消瘦	166
视频2-11	副猪嗜血杆菌病，病猪后肢趾关节肿胀，伴有腹式呼吸	166
视频3-1	猪蛔虫病，病猪消瘦、被毛粗乱	191
视频3-2	猪蛔虫病，乳斑肝	192
视频3-3	猪冠尾线虫病，病猪走路摇摆，后肢无力	219
视频3-4	猪疥螨病，皮炎	224
视频5-1	猪支原体肺炎，病猪腹式呼吸，消瘦	241
视频6-1	附红细胞体病，镜检见感染附红细胞体的红细胞变形为齿轮状、星芒状或不规则形	246
视频10-1	脐疝	281

第一章　猪病毒病的类症鉴别

一、猪瘟

猪瘟是由猪瘟病毒（CSFV）引起的一种急性、热性、接触性传染病。世界动物卫生组织（OIE）称其为古典猪瘟（CSF），并将其列为须通报的动物疫病。我国将其列为一类动物传染病，民间俗称"烂肠瘟"。

（一）病原

猪瘟病毒（CSFV）属于黄病毒科瘟病毒属，分为2个血清型（群），不同毒株间的抗原性、毒力、致病性等存在显著差异。CSFV和同属的牛病毒性腹泻病毒有高度同源性，抗原关系密切。

（二）流行病学

猪是该病唯一的自然宿主。不同日龄和品种猪（包括野猪）均可发生。病猪的各种分泌物、排泄物、内脏等均含有大量病毒。该病主要经消化道、呼吸道等接触传播。当妊娠母猪感染时，可造成死产或弱仔出生后不久即死去，分娩时排出大量病毒。该病急性暴发，发病率和致死率均高达90%以上。近年来慢性猪瘟和隐性感染病例有增多的趋势。

（三）临床特征

潜伏期为5～10天。

1.最急性型

体温高达41℃以上，稽留1～4天，多突然死亡。

2.急性型

病猪体温升高到41℃左右，精神沉郁，食欲减退或不食，眼发红、有眼屎，拱背，打冷战，走路打晃，常喜钻草堆。病初粪便干燥，后期排稀便。公猪包皮积尿，皮肤出现大小不一的紫色或红色出血点，指压不褪色（图1-1），严重时出血点遍及全身。病程7～21天，时常并发巴氏杆菌或沙门菌感染。

3.亚急性型

病程长达21～30天。前期症状与急性型相似。后期病猪逐渐消瘦，行走摇晃，后躯无力，站立困难，死亡。

图1-1 耳、颈部皮肤针尖大小出血点（陈立功供图）

4.慢性型

病程30天以上。体温时高时低，便秘与腹泻交替出现，病猪消瘦、贫血。

5.繁殖障碍型

母猪早产，产死胎、木乃伊胎，产出弱小或颤抖的仔猪。

（四）病理变化

1.最急性型

腹部皮肤、可视黏膜和浆膜见针尖大出血点。淋巴结轻度肿胀潮红或出血。

2.急性型

病猪皮肤有斑、点状出血（图1-2），皮下出血（图1-3）。淋巴结出血呈紫葡萄样外观（图1-4、图1-5），切面呈大理石样（图1-6）。镜检淋巴窦出血（图1-7）、淋巴小结萎缩及

图1-2 皮肤出血（陈立功供图）

不同程度的坏死。脾脏一般不肿胀，边缘有出血性梗死灶，切面多呈楔形（图1-8），镜检脾组织坏死，正常结构被破坏，渗出的红细胞与坏死组织交织在一起（图1-9）。肾脏点状出血，严重时如麻雀卵样外观（图1-10），切面皮质、髓质、肾乳头和肾盂出血（图1-11），镜检肾小管上皮变性、坏死（图1-12），小管间有大量红细胞。膀胱黏膜出血（图1-13、图1-14）。口腔黏膜出血、坏死（图1-15）。肠浆膜（图1-16、图1-17）、胃黏膜（图1-18）出血。胆囊出血（图1-19）。喉头黏膜出血（图1-20）。扁桃体出血、坏死（图1-21）。肺出血（图1-22），镜检见大量红细胞浸润于细支气管和肺泡腔内（图1-23）。心脏出血（图1-24、图1-25）。

3.亚急性型

耳根、股内侧皮肤出血、坏死。淋巴结和肾脏出血、脾脏梗死。断奶仔猪胸壁肋骨和肋软骨结合处的骨骺线明显增宽。

图1-3 皮下出血（陈立功供图）

图1-4 颌下淋巴结出血（陈立功供图）

图1-5 肠系膜淋巴结出血呈紫葡萄样外观（陈立功供图）

图1-6 淋巴结切面出血呈大理石样（陈立功供图）

图1-7 淋巴窦出血（HE，100×）（陈立功供图）

图1-8 脾脏有出血性梗死灶
（陈立功供图）

图1-9 脾脏出血梗死（HE，100×）
（陈立功供图）

图1-10 肾脏严重出血（陈立功
供图）

图1-11　肾脏切面见皮质、髓质等
部位出血（陈立功供图）

图1-12　肾小管上皮变性、坏死
（HE，400×）（陈立功
供图）

图1-13　膀胱黏膜出血
（陈立功供图）

图1-14 仔猪膀胱黏膜出血
（陈立功供图）

图1-15 口腔黏膜坏死
（陈立功供图）

图1-16 小肠浆膜出血
（陈立功供图）

图1-17　结肠浆膜有出血斑（董世山、陈立功供图）

图1-18　胃黏膜出血（陈立功供图）

图1-19　胆囊出血（陈立功供图）

图1-20　仔猪喉头黏膜出血
（陈立功供图）

图1-21　扁桃体出血、坏死
（陈立功供图）

图1-22　肺点状出血（董世山、
陈立功供图）

图1-23　细支气管和肺泡腔有大量红细胞（HE，400×）

（陈立功供图）

图1-24　心耳出血（董世山、陈立功供图）

图1-25　心脏脂肪出血

（陈立功供图）

4.慢性型

特征性变化为回肠末端、盲肠和结肠有"纽扣状"溃疡（图1-26～图1-28）。断奶仔猪肋骨骨骺线钙化呈黄色骨化线。

图1-26 盲肠的纽扣状溃疡
（陈立功供图）

图1-27 结肠黏膜的纽扣状溃疡
（董世山、陈立功供图）

图1-28 大肠纽扣状溃疡
（陈立功供图）

5.繁殖障碍型

其可见腹腔积液，水牛头，颌小，肾脏畸形、表面散在针尖大小出血点（图1-29），淋巴结出血，心肌出血。

图1-29 繁殖障碍型猪瘟母猪产仔猪肾脏（陈立功供图）

（五）实验室诊断

根据流行病学、临床特征和病理变化可做出初步诊断。确诊需进行实验室诊断。猪瘟的实验室诊断包括：免疫荧光试验、酶联免疫吸附试验（ELISA）、间接血凝试验、反转录聚合酶链反应（RT-PCR）（图1-30）和实时定量PCR方法等。

图1-30 猪瘟病毒RT-PCR检测结果（陈立功供图）

（六）类似病症鉴别

该病应与其他表现发热、母猪繁殖障碍、神经症状和出血的疾病进行鉴别诊断。如应与非洲猪瘟、高致病性猪繁殖与呼吸综合征、伪狂犬病、猪流行性乙型脑炎、脑心肌炎、仔猪先天性震颤、狂犬病、猪丹毒、猪巴氏杆菌病、仔猪副伤寒、猪链球菌病（脑膜炎型）、李氏杆菌病、破伤风、弓形虫病等进行区分。

1.与非洲猪瘟（ASF）的鉴别

（1）相似点　死亡率极高；高热；母猪繁殖障碍（流产）；病猪见出血性素质（皮肤、淋巴结、心脏、消化道、肾脏及膀胱等组织器官出血）。

（2）不同点　ASF可通过蜱传播。ASF病猪便血、鼻孔出血；脾严重充血肿大，呈暗红色至黑色；肺水肿；心包积液；腹腔积液，腹膜及网膜出血。病料经PCR或实时定量PCR检测呈非洲猪瘟病毒（ASFV）阳性。ASF与猪瘟有效的鉴别方法，用可疑病料对经过猪瘟高度免疫的家猪进行接种试验，如仍然出现与猪瘟相似的症状，则为ASF。ASF病猪淋巴结瑞氏染色可见单核细胞核破裂。

2.与高致病性猪繁殖与呼吸综合征（HP-PRRS）的鉴别

（1）相似点　死亡率极高；神经症状；母猪繁殖障碍（流产、产死胎或弱胎）；淋巴结出血、消化道出血、脾脏梗死、膀胱黏膜出血。

（2）不同点　HP-PRRS病猪肺肉样实变；肝脏变性、坏死；病料经RT-PCR或实时定量PCR检测呈猪繁殖与呼吸综合征病毒（PRRSV）阳性。

3.与伪狂犬病（PR）的鉴别

（1）相似点　发热；仔猪神经症状；母猪繁殖障碍；扁桃体病变。

（2）不同点　① 宿主不同。猪是猪瘟唯一的自然宿主；PR是多种动物共患传染病，宿主包括多种家畜和野生动物。② 猪瘟病猪脾脏见出血性梗死；PR病猪肝脏和脾脏见坏死。③ PRV感染猪病料接种于健康家兔，其会表现发热、奇痒、死亡。病料经PCR或实时定量PCR检测呈伪狂犬病病毒（PRV）阳性。

4.与猪流行性乙型脑炎的鉴别

（1）相似点　高热；神经症状；母猪繁殖障碍。

（2）不同点　猪流行性乙型脑炎为人畜共患传染病；多发生在蚊虫孳生多的夏秋季；蚊子是传播媒介也是贮存宿主；公畜睾丸炎多为一侧性。RT-PCR扩增日本乙型脑炎病毒（JEV）膜（E）蛋白基因呈阳性，或实时定量PCR方法鉴别检测确定为JEV阳性。

5.与脑心肌炎的鉴别

（1）相似点　高热；母猪繁殖障碍；神经症状。

（2）不同点　脑心肌炎是猪、某些啮齿类动物和灵长类动物以脑炎和心肌炎为特征的人畜共患传染病。啮齿类动物是该病的贮存宿主。病料经RT-PCR检测呈脑心肌炎病毒（EMCV）*VP1*或*3D*基因阳性，或实时定量PCR方法鉴别检测确定为EMCV阳性。

6.与仔猪先天性震颤的鉴别

（1）相似点　均有神经症状；病变相似（喉头出血、肾脏出血、膀胱黏膜出血、脾脏梗死）。

（2）不同点　仔猪先天性震颤多发生于哺乳仔猪，病料经RT-PCR检测呈仔猪先天性震颤瘟病毒（APPV）*NS5B*基因阳性。

7.与狂犬病的鉴别

（1）相似点　神经症状。

（2）不同点　狂犬病是由狂犬病病毒感染引起的一种致死性人畜共患传染病。狂犬病典型症状为恐水。病料经RT-PCR检测呈狂犬病病毒膜蛋白基因阳性。该病可用狂犬病疫苗预防。

8.与猪丹毒的鉴别

（1）相似点　高热；消化道不同程度出血；肾脏出血；心内膜出血。

（2）不同点　猪丹毒可通过蚊、蝇、虱等吸血昆虫传播。最急性病例脾切面白髓周围出现"红晕"；急性病例脾脏肿大，呈樱桃红色，多无梗死；亚急性病例皮肤上出现方形、菱形或圆形疹块，皮肤红斑为充血或淤血；慢性病例见关节炎和心内膜炎。病原学检查可发现革兰氏阳性、长丝状杆菌。病料或分离纯化细菌经PCR等分子生物学方法检测呈猪丹毒杆菌阳性。用青霉素等敏感抗菌药物治疗有效。

9.与猪巴氏杆菌病的鉴别

（1）相似点　高热；有咳嗽等呼吸道症状。最急性病例全身各器官有明显的出血性素质（全身黏膜、浆膜、皮下组织、心内膜出血）。

（2）不同点　最急性猪巴氏杆菌病病例咽喉部水肿；急性病例见纤维素性胸膜肺炎；慢性病例肺脏肝变，胸膜及心包有纤维素性絮状物附着，有时伴有关节炎。病原学检查可发现革兰氏阴性、两极浓染细菌。病料或分离纯化细菌经PCR等分子生物学方法检测呈巴氏杆菌阳性。用敏感抗菌药物治疗有效。

10.与仔猪副伤寒的鉴别

（1）相似点　皮肤见斑点；便秘与腹泻交替；结膜炎；心外膜、肾脏及胃黏膜出血。

（2）不同点　仔猪副伤寒病猪肝脏被膜下见灰黄色猪副伤寒结节；慢性病例大肠黏膜见糠麸样坏死物。病原学检查可发现革兰氏染色阴性菌。病料或分离纯化细菌经PCR等分子生物学方法检测呈沙门菌阳性。用敏感抗菌药物治疗有效。

11.与猪链球菌病（脑膜炎型）的鉴别

（1）相似点　发热；神经症状。

（2）不同点　链球菌病是人畜共患传染病，除能引起猪的脑膜炎外，还可致猪关节炎、心内膜炎、中耳炎、支气管炎和中毒休克综合征等。链球菌病猪体温可高达40.5～42.5℃；部分病例心瓣膜上可见菜花样赘生物。病料分离纯化细菌为革兰氏阳性、球菌，PCR检测呈猪链球菌16S rRNA基因阳性。用敏感抗生素治疗有良好效果。

12.与李氏杆菌病的鉴别

（1）相似点 神经症状；母猪繁殖障碍。

（2）不同点 李氏杆菌病是人畜共患传染病。病料或分离纯化细菌为"V"字形排列的革兰氏阳性细小杆菌，PCR检测呈李氏杆菌16S rRNA基因阳性。用敏感抗生素治疗有良好效果。

13.与破伤风的鉴别

（1）相似点 神经症状。

（2）不同点 破伤风是急性中毒性人畜共患传染病。病料或分离纯化细菌为革兰氏阳性，病料经PCR检测呈破伤风梭菌16S rRNA基因阳性。破伤风典型症状为局部或全身骨骼肌持续性强直和对外界刺激反射兴奋性增高。注射破伤风抗毒素可预防该病。

14.与弓形虫病的鉴别

（1）相似点 高热；便秘或下痢；呼吸系统及神经系统症状；母猪繁殖障碍（流产）；皮肤出血；非化脓性脑炎。

（2）不同点 弓形虫病是人畜共患寄生虫病，猫科动物是弓形虫的终末宿主。剖检见肺水肿，淋巴结出血、灰白色坏死，肝脏肿胀、坏死，肾脏坏死，脾脏淤血、肿大，心包、胸腔和腹腔有积水。镜检见肝脏坏死灶周围的巨噬细胞、淋巴窦内皮细胞和肺泡上皮细胞内有数量不等的弓形虫速殖子。病料可检出滋养体与包囊，病料经巢式PCR、半巢式PCR或实时定量PCR等分子生物学方法检测呈弓形虫阳性。弓形虫病间接血凝试验（IHA）检测被检血清呈阳性。早期用磺胺嘧啶等药物治疗效果良好。

（七）防制方法

1.预防措施

预防工作的基本原则：提倡自繁自养。必须引种时，经检疫呈猪瘟病毒阴性猪可引入。加强饲养管理和卫生工作，舍内定期消毒，做好生物安全工作。定期做猪瘟抗体监测，根据抗体水平，及时进行疫苗接种和淘汰阳性猪。

2.免疫接种

① 注意事项：最好用单苗，少用联苗；一猪一针头；注射剂量要确实；免疫前后7～10天禁用磺胺类等免疫抑制剂。

② 在无猪瘟发生的猪场，定期预防注射猪瘟兔化弱毒疫苗。

③ 对散发猪瘟的猪场，因母源抗体的存在，仔猪出生后20日龄或25～30日龄（母源抗体效价在1：32以上时）免疫注射一次（4头份）猪瘟疫苗，55～60日龄仔猪断奶后再注射一次（2头份），保护率较高。

④ 在曾经发生严重猪瘟的猪场（也适用于散发猪瘟的猪场），可采用超前免疫（超免）的方法。即在仔猪出生后马上注射猪瘟疫苗，并使其隔离1.5～2小时再吮初乳。由于猪的产程一般都在2～3个小时，甚至更长时间，所以疫苗稀释后要置于带冰的保温杯内，超免剂量一般为1～1.5头份。至60日龄再加强免疫一次，剂量为3～4头份。

⑤ 紧急免疫接种。对假定健康猪群进行紧急接种疫苗，可使大部分猪获得保护。

⑥ 若出现猪瘟病例，应立即采取扑灭措施，销毁感染群的全部猪只，彻底消毒被污染场所。在流行早期，对经济价值高的猪，可注射抗猪瘟高免血清，每天注射一次，直至体温恢复正常。

二、非洲猪瘟

非洲猪瘟（ASF）是由非洲猪瘟病毒（ASFV）感染引发的一种急性、热性、高度接触性动物传染病，强毒株感染的致死率可达100%，以高热、网状内皮系统出血和高死亡率为特征。目前尚无有效的针对ASF的商品化疫苗。世界动物卫生组织将其列为须通报的动物疫病，我国将其列为一类动物疫病。

（一）病原

ASFV是非洲猪瘟病毒科、非洲猪瘟病毒属的一种双股DNA病毒。该病毒是唯一可以通过节肢动物传播的DNA虫媒病毒。ASFV只有一个血清型，但有24个基因型。ASFV基因组大、基因多变、生存力强。靶细胞为巨噬细胞和单核细胞。ASFV能在鸡卵黄囊、猪骨髓组织和白细胞及PK15、Vero、BHK21传代细胞内生长。

（二）流行病学

欧亚野猪、北美野猪和家猪均对ASFV易感。传染源包括感染ASFV的家猪、野猪（包括发病猪、病死猪、康复猪和隐性感染猪），钝缘蜱，带毒的泔水、餐厨剩余物、猪肉及其制品，污染的设施工具（车辆、衣服、靴子），注射器械及手术器械等。病毒分布于病猪体内各器官组织内，各种体液、分泌物和排泄物都含有多量病毒。宿主包括家猪、野猪和软蜱。传播媒介有钝缘蜱、苍蝇、蚊、鼠等。ASF的传播包括4个独立的流行病学循环（森林栖息地循环、蜱-猪循环、家猪循环和野猪栖息地循环）。在森林栖息地循环中，ASFV在自然寄生物（即疣猪和软蜱）之间循环，这个古老的循环是蜱-猪循环和家猪循环的起源，也是ASF作为一种疾病的起源。在蜱-猪循环中，病毒主要在家猪中传播，蜱作为携带媒介，使得病毒在环境中局部存留。家猪循环是一种引起ASF全球暴发和长距离传播的循环，循环中病毒是在家猪之间或者猪肉等衍生产品中传播的，这个循环没有天然的携带媒介。野猪栖息地循环包括野猪之间的直接传播和通过栖息地的间接传播。

家猪主要经消化道感染，被污染的饲料、猪血源饲料制剂、饮水、饲养用具、猪舍等是该病传播的主要因素；经配种可造成母猪感染；苍蝇、蚊、鼠等可机械传播。病猪不产生中和抗体或抗体水平低下，尚无有效的免疫接种方式，疫苗试制还未成功，极少数存活猪仅对原毒株具有一定的抵抗力，急性发作而存活的猪，可转变成慢性或是貌似健康的带毒猪，长期带毒、排毒，传播该病。各病毒株的毒力和抗原性不同。康复猪带毒时间很长，而抗体和对同型病毒的免疫性保持时间较短。

ASFV对热敏感，对低温耐受力较强。56℃ 70分钟或60℃ 30分钟可以灭活血液中病毒；含有ASFV的猪肉储存在4℃左右环境中，病毒可存活几个月；皮脂中的病毒可以存活300天；咸干肉中的病毒可存活120天；盐水浸泡的火腿中病毒可存活180天。ASFV也可在腐败的血清和分泌物中长时间存活。病毒对pH值的耐受幅度较广，在没有血液和粪便等有机物的影响时，pH<4或pH>11.5的物质可灭活ASFV。0.8%的氢氧化钠溶液、含2.3%有效氯的次氯酸盐溶液至少需30分钟才能灭活ASFV。

（三）临床特征

ASF的潜伏期一般为4～19天。ASF的临床症状因宿主、ASFV毒力、感染途径和病毒载量不同而有差别。根据ASFV感染家猪的临床表现，可把该病分为最急性型、急性型、亚急性型和慢性型4种。

1.最急性型

ASF的致死率可达100%，病猪仅被观察到突发高热即死亡。

2.急性型

ASF的致死率高，病猪表现持续高热、体表发紫、呼吸急促，后期见血便、后肢麻痹，多于发病1周内死亡。

3.亚急性型

ASF的致死率较低，表现与急性型相似，但病程稍长。

4.慢性型

ASF的致死率较低，被感染的猪可见不规律的发热、呼吸道症状、母猪流产，病猪大多能康复但却终身带毒。

（四）病理变化

1.最急性型

病理变化以内脏器官的广泛出血为特征。

2.急性型和亚急性型

病猪病理变化典型，以内脏器官的广泛出血为特征。典型病变包括皮肤和皮下脂肪黄染，血凝不良；心外膜和心内膜不同程度出血；肝脏和胆囊出血；脾脏充血性肿大，变成正常脾脏的3～5倍；肺脏水肿；支气管或气管内有多少不等的淡黄色渗出液；肾脏梗死或出血；腹腔见血红色液体；浅表及深部淋巴结肿胀、水肿、出血；消化道多处黏膜出血；膀胱黏膜出血。有的病例可伴有心包积液、胸腔积液。

3.慢性型

病猪病理变化不典型。病理变化以淋巴结和呼吸道的病变为主。尸体极度消瘦，可见明显的浆液性纤维素性心包炎，与心外膜相连的肺组织粘连，心包增厚，心包腔积有污灰色液体，其中混有纤维素凝块。肺有支气管炎变化。肠腔积大量黄褐色液体。膝关节、跗关节、腕关节、趾关节内有灰黄色液体，关节囊呈纤维素性增厚。

（五）实验室诊断

ASF与猪瘟、高致病性猪繁殖与呼吸综合征和猪丹毒等很难区分，根据上述临床表现和病理变化仅能进行初步诊断，要确诊必须进行实验室诊断。ASF的实验室诊断包括病原学和血清学检测方法。

1.病原学检查

① ASFV分离；② 红细胞吸附试验；③ 直接免疫荧光技术；④ 双抗体夹心ELISA；⑤ 聚合酶链反应技术（PCR）；⑥ 实时定量PCR（qPCR）；⑦ ASFV焦磷酸测序。

2.血清学检查

① 间接ELISA；② 阻断ELISA测定ASF特异性抗体。

（六）类似病症鉴别

该病应与其他表现高热、母猪繁殖障碍和出血病变的疾病进行鉴别诊断。如应与猪瘟、高致病性猪繁殖与呼吸综合征、猪流行性乙型脑炎、脑心肌炎、狂犬病、猪丹毒及弓形虫病等进行区分。

1.与猪瘟的鉴别

相关内容见"第一章 猪病毒病的类症鉴别"中"一、猪瘟"。

2.与高致病性猪繁殖与呼吸综合征（HP-PRRS）的鉴别

（1）相似点 死亡率极高。高热；呼吸道症状；神经症状；母猪繁殖障碍（流产）；体表发紫；内脏器官广泛出血。

（2）不同点 ASF可通过蜱传播。ASF病猪便血、鼻孔出血；脾严重充血肿大，呈暗红色至黑色；肺水肿；心包积液；腹腔积液，腹膜及网膜出血。病料经PCR或实时定量PCR检测呈ASFV阳性。ASF病猪淋巴结瑞氏染色可见单核细胞核破裂。

HP-PRRS不经过蜱传播。病猪可见肺肉样实变、脾脏梗死；无鼻孔出血；无便血；无心包积液；无腹腔积液；无腹膜及网膜出血。病料经RT-PCR或实时定量PCR检测呈PRRSV阳性。

3.与猪流行性乙型脑炎的鉴别

（1）相似点 母猪繁殖障碍（流产）；神经症状。

（2）不同点 猪流行性乙型脑炎为人畜共患传染病。病料经RT-PCR检测呈日本乙型脑炎病毒（JEV）膜（E）蛋白基因阳性，或实时定量PCR方法鉴别检测确定为JEV阳性。

4.与脑心肌炎的鉴别

（1）相似点 神经症状；母猪繁殖障碍。

（2）不同点 脑心肌炎是猪、某些啮齿类动物和灵长类动物以脑炎和心肌炎为特征的人畜共患传染病。病料经RT-PCR检测呈脑心肌炎病毒（EMCV）*VP1*或*3D*基因阳性，或实时定量PCR方法鉴别检测确定为EMCV阳性。

5.与狂犬病的鉴别

（1）相似点 神经症状。

（2）不同点 狂犬病是由狂犬病病毒感染引起的一种致死性人畜共患传染病。病料经RT-PCR检测狂犬病病毒膜蛋白基因呈阳性。狂犬病以狂躁不安、攻击行为、恐水为特征。可用狂犬病疫苗预防。

6.与猪丹毒的鉴别

（1）相似点 高热；体表发紫；消化道出血；肾脏出血；心脏出血；关节炎。

（2）不同点 ASF可通过蜱传播。ASF病猪便血、鼻孔出血；脾严重充血肿大，呈暗红色至黑色；肺水肿；心包积液；腹腔积液，腹膜及网膜出血。病料经PCR或实时定量PCR检测呈ASFV阳性。ASF病猪淋巴结瑞氏染色可见单核细胞核破裂。

猪丹毒最急性病例脾切面白髓周围出现"红晕"；急性病例脾脏肿大，樱桃红色；亚急性病例皮肤上出现方形、菱形或圆形疹块，皮肤红斑为充血或淤血。病原学检查可发现革兰氏阳性、长丝状杆菌。病料或分离纯化细菌经PCR等分子生物学方法检测呈猪丹毒杆菌阳性。用青霉素等敏感抗菌药物治疗有效。

7.与弓形虫病的鉴别

（1）相似点 高热；便秘或下痢；呼吸系统及神经系统症状；母猪繁殖障碍；皮肤出血；非化脓性脑炎。

（2）不同点 弓形虫病是人畜共患寄生虫病，猫科动物是弓形虫的终末宿主。剖检见肺水肿，淋巴结出血、灰白色坏死，肝脏肿胀、坏死，肾脏坏死，脾脏淤血、肿大，心包、胸腔和腹腔有积水。镜检见肝脏坏死灶周围的巨噬细胞、淋巴窦内皮细胞和肺泡上皮细胞内有数量不等的弓形虫速殖子。病料可检出滋养体与包囊，经巢式PCR、半巢式PCR或实时定量PCR等分子生物学方法检测呈弓形虫阳性。弓形虫病间接血凝试验（IHA）检测被检血清呈阳性。早期用磺胺嘧啶等药物治疗效果良好。

（七）防制方法

目前尚无安全、有效的疫苗预防ASF，该病也无有效的治疗措施。因此，应严格按照《中华人民共和国动物防疫法》《重大动物疫情应急条例》《国家突发重大动物疫情应急预案》和《非洲猪瘟防治技术规范》科学防控ASF。强化生物安全体系建设是规模化猪场防控ASF的根本，也是最有效的手段。

1.严格执行引种监测、隔离

① 尽量封群，减少引种或不引种。

② 禁止从有疫情省（区）引种（猪、精液）。

③ 进行引种监测，确认ASFV阴性。

④ 实行场外隔离，至少隔离30天，进行临床监测和实验室监测。

2.严格控制运输工具

① 严格控制与猪场相关的所有车辆。

② 禁止未经清洗消毒的车辆靠近猪场。

③ 建立车辆的清洗消毒体系。

④ 洗消程序：清除杂物、泡沫浸泡、冲洗、消毒、干燥。

3.严格控制进猪场物品

① 禁止来自疫区的所有物品进入猪场。

② 禁止将猪肉及其制品带入猪场。

③ 禁止非本场人员携带的物品进入猪场。

④ 进入猪场的物品必须经过严格的消毒处理。

4.严格限制人员进出猪场

① 外来人员禁止进入猪场。如需进场，必须隔离2～3天。

② 外来人员物品必须置于场区入口处，并进行消毒处理。外来人员必须淋浴2次，更换场区工作服、鞋或靴。

③ 实施封场措施，猪场人员应减少外出。猪场人员不去疫点、疫区，不去其他猪场、生猪交易市场，不去屠宰场。

④ 猪场人员不与发病猪、感染猪和病死猪接触，不接触污染的猪肉及其制品、运输工具、物品。

5.饲料控制

① 禁止用泔水或餐厨剩余物饲喂猪只。

② 禁止使用受到污染的猪源饲料制剂。

③ 通过提高制粒温度和延长制粒时间来降低可能受到污染的饲料原料带来的风险。

6.环境控制

① 定期对猪场及周边环境进行消毒。

② 防止水源受到污染，定期对水源进行监测。

③ 禁止野猪接触猪场。

④ 及时消灭软蜱、苍蝇、蚊、鼠，防止鸟进入场舍。

7.严格执行ASF疫情应急预案

① 及时上报（疑似）疫情。

② 禁止在猪场内剖检疑似病死猪。

③ 封闭猪场及猪舍。对发病猪、病死猪严格进行无害化处理。

④ 场舍、用具彻底消毒，该场地暂不养猪，改作他用，以杜绝传染。

⑤ 对粪便、污水、污物进行无害化处理，防止污染环境。

⑥ 消毒药种类。最有效的消毒药是10%的苯及苯酚、过硫酸氢钾、次氯酸盐、氢氧化钠（烧碱）及戊二醛。

酚类、氢氧化钠、次氯酸盐适用于建筑物、木质结构、水泥表面消毒。1：200过硫酸氢钾可用于地面、栏杆、水管、线路和料管消毒；1：400过硫酸氢钾可用于工作人员手、工作服、鞋及带猪消毒；1：1000过硫酸氢钾可用于饮水消毒。2%氢氧化钠溶液或20%

戊二醛稀释为1∶200可用于道路、墙壁消毒。粪沟污水中消毒，氢氧化钠浓度需达到1%，pH值达到11以上。

⑦ 消毒频率。疫点每天消毒3～5次，连续7天；之后每天消毒1次，持续消毒15天。疫区临时消毒站做好出入车辆、人员消毒工作，直至解除封锁。

三、口蹄疫

口蹄疫（FMD）是猪、牛、羊等偶蹄动物的一种急性、热性和接触性传染性疾病。该病以患病动物的口腔黏膜、蹄部及乳房皮肤出现水疱和烂斑为特征。OIE将该病列为须通报的动物疫病，我国将其排在一类动物传染病的首位。

（一）病原

FMD的病原体是微小RNA病毒科的口蹄疫病毒（FMDV）。FMDV目前有O、A、C、SAT1、SAT2、SAT3（即南非1、2、3型）和Asia 1（亚洲1型）7个血清型，各型之间几乎没有交叉免疫保护，感染了某一血清型FMDV的动物仍可感染另一型FMDV而发病。FMDV基因组具有微小RNA病毒的特性，病毒变异性强；型内不同病毒株间的遗传变异可导致抗原差异；新变异株的出现，就会导致一次新的疫情高潮。每个血清型内有许多抗原性有差别的病毒株，相互间交叉免疫反应程度不等。FMDV的感染性和致病力特别强。极少量的病毒就能引起发病。

（二）流行病学

各种年龄的猪均有易感性，但对仔猪的危害最大，常常引起死亡。猪口蹄疫多发生于秋末、冬季和早春，尤以春季达到高峰，但在大型猪场及生猪集中的地区，一年四季均可发生。该病常呈跳跃式流行，主要发生于集中饲养的猪场、城郊猪场及交通沿线。该病传播迅速，流行猛烈，常呈流行性发生。FMD的潜伏期短，发病急。动物感染病毒后最快十几小时就可发病排毒，感染动物能从多种途径分泌和排泄出大量病毒，大量动物被感染而集中发病令人猝不及防。发热期病猪粪、尿、奶、唾液和呼出气体均含有病毒，以后病毒主要存在于水疱皮和水疱液中，通过直接接触和间接接触，病毒进入易感猪的呼吸道、消化道和损伤的皮肤黏膜，均可导致发病。与感染动物、污染的动物产品、人员、污染物及装置的（直接或间接）接触都可感染。鸟类、啮齿类、猫、狗、吸血蝙蝠、昆虫等均可传播该病。发病率很高，良性口蹄疫病死率一般不超过5%，但恶性口蹄疫死亡率可以超过50%。条件合适时，病毒可向下风方向传播几十甚至上百公里。FMDV有较强的抵抗力和存活力。在自然情况下含毒组织和被病毒污染的饲料、皮毛及土壤等可保持传染性达数周甚至数月之久。口蹄疫病毒对酸、碱、氧化剂和卤素类消毒剂敏感。

（三）临床特征

病猪以蹄部水疱（图1-31）为主要特征，病初体温升高至40～41℃，精神不振，食欲减少或废绝。口腔黏膜（舌、唇、齿龈、咽、腭）形成小水疱或糜烂。蹄冠、蹄叉、蹄踵等部位出现局部发红、微热、敏感等症状，不久逐渐形成米粒大、蚕豆大的水疱，水疱破裂后表面出血，形成糜烂。如果无细菌感染，一周左右痊愈；如果有继发感染，严重者引发蹄壳脱落（图1-32）。病猪患肢不能着地，常卧地不起。病猪鼻镜（图1-33）、乳房也常见烂斑，尤其是哺乳母猪，乳头上的皮肤病灶较为常见，但也发于鼻面上；阴唇及睾丸皮肤的病变少见；还常见跛行；有时发生流产，乳腺炎及蹄变形。乳猪和体弱仔猪患恶性口蹄疫时，很少见水疱和烂斑，常呈急性胃肠炎和心肌炎而突然死亡，病死率可达60%～80%，病程稍长者，亦可见到口腔（齿龈、唇、舌等）及鼻面上有水疱和糜烂。

图1-31　**仔猪右前肢水疱破溃**
（陈立功供图）

图1-32　**蹄匣开始脱落**
（陈立功供图）

（四）病理变化

　　良性口蹄疫猪死亡率低，在口腔黏膜（舌、唇、齿龈、咽、腭）（图1-34）、蹄部及乳房皮肤等处形成水疱和烂斑。恶性口蹄疫乳猪死亡率高，具有重要诊断意义的是心脏病变，心包膜有弥散性及点状出血，心肌松软，心肌切面有灰白色或淡黄色斑点或条纹，似老虎皮上的斑纹，故称"虎斑心"（图1-35、图1-36）。

图1-33　**病猪鼻镜水疱破溃**
（陈立功供图）

图1-34　**舌水疱破溃后形成烂斑**
（陈立功供图）

图1-35　虎斑心切面（陈立功供图）

图1-36　虎斑心表面（陈立功供图）

（五）实验室诊断

根据流行情况、临床特征和特征性病理变化即可做出初步诊断。该病确诊需进行病毒分离与鉴定、血清学诊断。

1.病毒分离与鉴定

① 病毒分离一般采用组织细胞培养、实验动物接种和鸡胚接种三种方法。取水疱皮或水疱液用PBS液制备混悬浸出液，或直接取水疱液接种于BHK细胞、LBRS细胞或猪甲状腺细胞进行病毒分离培养。病程长者可取骨髓、淋巴液接种于豚鼠肾传代细胞或经绒毛尿囊膜接种于9～11日龄鸡胚或3～4日龄乳鼠。将出现CPE（致细胞病变效应）的细胞或

病毒液用间接夹心ELISA等检测方法定型。

② RT-PCR和实时定量PCR方法等检测FMDV的RNA，可对动物组织和细胞来源的病毒材料进行检测。根据扩增到的PCR片段测定核苷酸序列，以确定所属的基因型和基因亚型，进而追踪疫源。

2.血清学诊断

① 为了确定流行毒株的血清型和亚型，可用水疱皮或水疱液进行补体结合试验（CFT）或微量补体结合试验进行鉴定。

② 用恢复期动物的血清做乳鼠中和试验、免疫扩散沉淀试验（IDPT）、免疫荧光抗体试验（IFA）、病毒中和试验（VNT）。

③ 国际口蹄疫参考实验室要求检测口蹄疫病毒血清型应优先采用间接夹心ELISA，OIE和FAO也一致推荐使用该方法定型诊断。目前间接夹心ELISA法已经逐步取代了CFT法，用于直接鉴定病毒的亚型，并且能同时检测水疱性口炎病毒（VSV）和猪水疱病病毒（SVDV）。

④ 反向间接血凝试验可作为FMDV抗原型鉴定的初步方法，该方法简便、快捷，适合田间使用。

（六）类似病症鉴别

该病应与其他表现黏膜和皮肤出现水疱病变的疾病进行鉴别诊断。如应与猪A型塞内卡病毒感染、猪痘、水疱性口炎、猪水疱病、猪水疱疹等进行区分。

1.与猪A型塞内卡病毒（SVV）感染的鉴别

（1）相似点　均以猪鼻镜、口腔黏膜出现水疱、蹄部冠状带溃烂为特征。

（2）不同点　FMDV感染动物包括猪、牛、羊等偶蹄动物，而SVV感染发病对象仅为猪。SVV是一种泛嗜性病毒，在感染早期可造成多系统性疾病；病变还包括肾脏点状出血、间质性肺炎；竞争ELISA（cELISA）检测SVV抗体呈阳性。病料经RT-PCR检测呈SVV基因组特定区段（*VP3/VP1，3D/3'*非编码区）阳性，或实时定量PCR方法鉴别检测确定为SVV阳性。

2.与猪痘的鉴别

（1）相似点　均可致猪皮肤和口腔黏膜损伤。

（2）不同点　猪痘病原为猪痘病毒；多发生于仔猪，成猪少发；通过损伤的皮肤和猪的吸血昆虫（虱、蚊）传播。痘疹多见于头、颈部、腰背部、胸腹部和四肢内侧等处皮肤，而蹄部病变少见。典型病灶开始为硬结节，突出于皮肤表面，一般见不到水疱阶段即转为脓疱，病变为中间凹陷，局部贫血呈黄色，很快结痂呈黄色痂皮，痂皮脱落后形成小白斑并痊愈，死亡率不高。可在口腔、咽喉、气管等黏膜部位发生痘疹。病料经PCR检测呈猪痘病毒（SWPV）基因组特定区段（*TK*基因/*P35*基因/*P23*基因）阳性，或实时定量PCR方法鉴别检测确定为SWPV阳性。

3.与水疱性口炎的鉴别

（1）相似点　均属于多种动物共患传染病；均被OIE列为须通报的动物疫病；均以患

病动物的口腔黏膜（舌、唇、齿龈）和蹄冠、趾间皮肤发生水疱为特征。

（2）不同点　猪、牛、马较易感染VSV，VSV还能感染蝙蝠、鹿、猴子等野生动物，有些VSV毒株可以使人致病。病料经RT-PCR检测呈水疱性口炎病毒（VSV）的核衣壳蛋白（N）、基质蛋白（M）或糖蛋白（G）阳性，或实时定量PCR方法鉴别检测确定为VSV阳性。

4.与猪水疱病的鉴别

（1）相似点　均以口腔黏膜、蹄部、腹部和乳头皮肤发生水疱为特征；均被OIE列为须通报的动物疫病，被我国列为一类动物传染病。

（2）不同点　猪水疱病病毒（SVDV）感染发病对象仅为猪，牛、羊等家畜不发病。病料经RT-PCR检测呈SVDV基因组结构蛋白（VP1、VP2、VP3和VP4）阳性，或实时定量PCR方法鉴别检测确定为SVDV阳性。猪水疱病血清保护试验呈阳性，而猪口蹄疫血清保护试验呈阴性。

5.与猪水疱疹的鉴别

（1）相似点　均以吻突、口腔黏膜、蹄部、乳头皮肤发生水疱为特征。

（2）不同点　猪水疱疹病毒（VESV）感染发病对象仅为猪。猪口蹄疫血清保护试验呈阴性。病料经RT-PCR检测呈VESV基因组特定区段（ORF1、ORF2、ORF3、VP1、VP2基因）阳性，或实时定量PCR方法鉴别检测确定为VESV阳性。

（七）防制方法

防制该病应根据本国实际情况采取相应对策。无病国家一旦暴发该病应采取扑杀病畜、消灭疫源的措施。已消灭了该病的国家通常禁止从有病国家输入活畜或动物产品，杜绝疫源传入。有该病的地区或国家，多采取以检疫诊断为中心的综合防制方法，一旦发现疫情，应立即采取封锁、隔离、检疫、消毒等措施，迅速通报疫情，查源灭源，并对易感动物进行预防接种，以及时拔除疫点。

净化措施：目前我国对口蹄疫的防制方法一般遵循"封、杀、消、免"四字方针。

1.封锁

猪口蹄疫发生时应及时向上级主管部门报告，立即隔离、消毒，以减少损失。经过全面大消毒，疫区的猪在解除封锁后3个月，方能全面解除进入非疫区。

2.扑杀

对发病猪及与发病猪相接触的可疑感染猪进行扑杀。

3.消毒

疫点严格消毒，粪便堆积发酵处理，场地、物品、器具要严格消毒。预防人的口蹄疫，主要依靠个人自身防护。

4.免疫接种

经过近年来的免疫控制，虽然取得了一定的成效，但病毒变异问题却日益突显。据国家参考实验室对田间病料检测及背景情况分析，近年我国O型口蹄疫已由猪、牛、羊发病转变为主要由猪发病。近年我国O型FMDV存在Mya98、Cathay、Ind2001和ME-SA/PanAsia谱系，这4个基因型毒株共同循环流行，且以Mya98谱系毒株流行最为广泛。据参考实验室免疫试验结果，猪免疫一次的抗体合格率通常只有30%～40%，且持续期较短（2～3周），加强免疫后合格率可提高到80%～90%，二次免疫后可保持较长时间的抗感染能力（3～4个月）。因此，建议商品猪在养殖期间至少免疫二次（基础免疫、加强免疫各一次）；如长途调运活猪，在起运前2～3周应再免一次。

目前对仔猪一般于28～35日龄时进行初免。间隔1个月后进行一次强化免疫，以后根据免疫抗体检测结果，每隔4～6个月免疫一次。散养猪免疫：春、秋两季对应免猪各进行一次集中免疫，每月定期补免。有条件的地方可参照规模养猪场的免疫程序进行免疫。

紧急免疫：发生疫情时，对疫区、受威胁区域的全部易感家畜进行一次强化免疫。最近1个月内已免疫的猪只可以不进行强化免疫。

四、猪繁殖与呼吸综合征

猪繁殖与呼吸综合征（PRRS），俗称"猪蓝耳病"，是由猪繁殖与呼吸综合征病毒（PRRSV）引起的一种高度传染性疾病。该病以妊娠母猪的繁殖障碍（流产，产死胎、木乃伊胎）及仔猪的呼吸困难为特征。OIE将该病列为须通报的动物疫病，我国将其列为二类传染病。PRRS是目前对全世界养猪业危害最大的传染病之一。

（一）病原

PRRSV为单股正链RNA病毒，属套式病毒目、动脉炎病毒科、动脉炎病毒属。PRRSV可分为A、B亚群，A亚群为欧洲原型（基因Ⅰ型），B亚群为美洲原型（基因Ⅱ型）。PRRSV无血凝活性，不凝集哺乳动物或禽类红细胞，有严格的宿主专一性，对巨噬细胞有专嗜性。PRRSV只会感染猪，其他动物不会感染，各种日龄、品种的猪都可以感染该病毒，其中日龄在1个月以内的仔猪和妊娠母猪是最易感猪群。1995年，该病传入我国，1996年从流产胎儿中分离出首个PRRSV毒株（CH-1a）。2006年，我国出现了由美洲原型PRRSV基因缺失毒株引发的高致病性猪繁殖与呼吸综合征（HP-PRRS）。2011年，我国出现首例欧洲型毒株。2013年以来，我国国内陆续出现NADC-30样毒株（类NADC-30毒株）。目前我国流行的PRRSV以美洲型为主，欧洲型分离株也偶有报道，形成经典毒株、HP-PRRSV及类NADC 30等多种毒株并存的局面。

（二）流行病学

猪和野猪是PRRSV的唯一自然宿主，仔猪和怀孕母猪最容易感染该病。病猪或耐过带毒猪都是非常危险的传染源，其通过粪便、尿及腺体分泌物长期向周围环境排毒，只要易感猪与其接触，就可感染发病，仔猪可成为自然带毒者。持续性感染是PRRS流行病学的重要特征，PRRSV可在感染猪体内存在很长时间。病毒在猪群中生存、循环及再次传播，造成感染及未感染猪之间的直接或间接接触传播。尤其是以引进带病毒血症的后备种猪与原猪群的水平传播和垂直传播为其主要传播途径，感染该病的母猪可通过胎盘将PRRSV传递给仔猪，携带PRRSV的公猪危害更大，可通过人工授精，使大批母猪感染该病，由此可见，PRRS的传播途径多样是其广泛传播的主要原因，但在我国，盲目引种是造成PRRS大面积发生的最主要原因之一。空气传播是PRRSV的又一重要传播途径，特别是在短距离内（＜3公里）传播中更具有重要的作用。PRRS的发生无明显的季节性，一年四季均可发生。初发地区呈暴发式流行，发生过的地区则要缓和些。

（三）临床特征

PRRS潜伏期最短为3天，最长为37天。症状以母猪的繁殖障碍和仔猪的呼吸困难为主。

1.繁殖母猪

经产或初产母猪精神沉郁、食欲减退或不食、发热（40～41℃），少数母猪耳部、鼻盘、乳头、尾部、腿部、外阴等部位皮肤呈紫红色（图1-37、视频1-1），或见肢体麻痹，出现上述症状后妊娠中后期的母猪发生流产、早产，产死胎（图1-38、视频1-2）、弱胎或木乃伊胎。弱胎生后不久即出现呼吸困难，一般24小时内死亡；或发生腹泻，脱水死亡；耐过者生长迟缓。

视频1-1

育肥猪耳部、颈部和
腹部皮肤呈紫红色

视频1-2

母猪产死胎

图1-37　母猪皮肤大面积呈紫红色

（赵茂华供图）

图1-38　母猪子宫内取出的死胎

（赵茂华供图）

2.种公猪

在急性发作的第一阶段，除厌食、精神沉郁、呼吸道临床特征外，公猪可能缺乏性欲和不同程度的精液质量降低，可在精液中检测到PRRSV。尽管公猪的PRRS病毒血症对受胎的影响还不清楚，但精液是PRRSV的重要传播方式之一。

3.断奶前仔猪

几乎所有早产弱猪，在出生后的数小时内死亡（图1-39）。多数初生仔猪表现为耳部发绀，呼吸困难、呈腹式呼吸（视频1-3），打喷嚏，肌肉震颤，嗜睡，后肢麻痹。吃奶仔猪吮乳困难，断奶前死亡率增加。

育肥猪耳部皮肤呈紫红色

图1-39 新生仔猪大小不一、生后不久死亡（陈立功供图）

4.断奶仔猪和育肥猪

断奶仔猪可表现厌食、精神沉郁、呼吸困难、皮肤呈紫红色或蓝紫色（图1-40、图1-41）、皮毛粗糙、发育迟缓（图1-42）及同群体型差异大等。育肥猪通常仅出现短时间的食欲不振、轻度呼吸系统症状及耳朵等部位皮肤发绀现象（视频1-4～视频1-6）。但在病程后期，常常由于多种病原（大肠杆菌、沙门菌、链球菌、支原体、巴氏杆菌等）的继发性感染而导致病情恶化、死亡率增加。

病猪耳部皮肤呈紫红色，　　耳部皮肤呈蓝紫色、　　耳部皮肤呈蓝紫色、
腹式呼吸　　　　　　　腹式呼吸　　　　　　　腹式呼吸

图1-40　病猪耳皮肤呈紫红色
（陈立功供图）

图1-41　病猪耳部皮肤呈蓝紫色
（陈立功供图）

图1-42　病猪耳部皮肤呈紫红色，
消瘦（赵茂华供图）

5.高致病性PRRS

自2006年以来，高致病性PRRS（HP-PRRS）在猪场引起很大的危害。与经典PRRS相比，HP-PRRS主要特征是病猪出现41℃以上持续高热；病猪不分年龄段均出现急性死亡（图1-43）；仔猪出现高发病率和高死亡率，发病率可达100%，死亡率可达50%以上，母猪流产率可达30%以上。临床主要表现为发热，厌食或不食，咳嗽，眼结膜炎，便秘（图1-44）、吻突、耳部、臀部等处皮肤发绀呈紫红色（图1-45～图1-47），出现后躯无力、不能站立或摇摆、圆圈运动、抽搐等神经症状；部分发病猪呈顽固性腹泻。

（四）病理变化

1.繁殖母猪和公猪

通常感染母猪子宫、胎盘、胎儿无明显的肉眼可见变化。偶见轻度淋巴浆细胞性脑炎、轻度的多灶性组织细胞性间质性肺炎和淋巴浆细胞性心肌炎。感染公猪无明显的特征性病变。

图1-43 病猪大量死亡
（赵茂华供图）

图1-44 病猪排干便（张芳供图）

图1-45　仔猪吻突及耳部皮肤发绀
（安同庆供图）

图1-46　断奶仔猪精神沉郁、皮肤
发绀（赵茂华供图）

图1-47　育肥猪臀部皮肤发绀
（陈立功供图）

2.断奶前仔猪

剖检可见肺脏呈多灶性或弥漫性红褐色瘀斑和实变区（图1-48），淋巴结肿大，腹腔、胸腔和心包腔清亮液体增多。

3.断奶仔猪

剖检主要病变为耳部等皮肤呈蓝紫色。特征性病变在肺脏，以间质性肺炎为特征，病初肺局部淤血，间质增宽；继而表面见点状出血，局部有实变区和灶状肺气肿（图1-49、图1-50），镜检见间质性肺炎。肾脏呈土黄色，表面可见针尖至小米粒大出血斑点（图1-51）。淋巴结中度到重度肿大，呈褐色，腹股沟淋巴结在尸体剖检中病变最明显。

 断奶前仔猪肺脏瘀斑、实变（陈立功供图）

图1-49　**断奶仔猪肺脏实变、气肿（一）**（陈立功供图）

图1-50 断奶仔猪肺脏实变、气肿（二）（陈立功供图）

图1-51 肾脏贫血、散在出血点（赵茂华供图）

4.育肥猪

PRRSV感染引起生长育肥猪的大体病变与哺乳猪类似，但病变略轻，主要是淋巴结肿大。肺炎变化常常与混合感染有关，镜检见间质性肺炎。

5.HP-PRRS

肉眼病变主要为脏器广泛性出血：肺脏暗红色、实变、出血（图1-52）；心肌出血、坏死（图1-53）；肝脏变性、坏死（图1-54、图1-55）；淋巴结出血、坏死（图1-56～图1-58）和脾脏出血、坏死（图1-59）。

图1-52 HP-PRRS猪肺脏暗红色、实变、出血（安同庆供图）

图1-53 HP-PRRS猪心肌出血（陈立功供图）

图1-54 HP-PRRS猪肝脏变性、坏死（陈立功供图）

图1-55　HP-PRRS猪肝脏严重变性、坏死（陈立功供图）

图1-56　HP-PRRS猪颌下淋巴结出血、坏死（陈立功供图）

图1-57　HP-PRRS猪直肠淋巴结严重出血（赵茂华供图）

图1-58 HP-PRRS猪髂淋巴结严重出血（陈立功供图）

图1-59 HP-PRRS猪脾脏出血、坏死（陈立功供图）

（五）实验室诊断

根据流行病学、临床症状和病理变化可做初步诊断，确诊需要进行实验室检测。

1.病毒分离与鉴定

取病猪肺、血液、鼻拭子等用于病毒的分离。病料经处理后接种于猪肺泡巨噬细胞培养，用免疫过氧化物酶染色法，检查肺泡巨噬细胞中的PRRSV抗原。或将上述处理好的病料接种于CL-2621或MarC-145细胞培养，观察CPE，并用特异性血清制备间接荧光抗体，检测PRRSV抗原，也可以在CL-2621或MarC-145细胞培养中进行中和试验鉴定病毒。还可以用RT-PCR（图1-60、图1-61）和实时定量PCR等方法鉴定病毒。

图1-60 猪繁殖与呼吸综合征病毒（通用型）RT-PCR检测结果

（陈立功供图）

图1-61 猪繁殖与呼吸综合征病毒（变异株）RT-PCR检测结果

（陈立功供图）

2.血清学检查

ELISA方法检测猪繁殖与呼吸综合征抗体，其敏感性和特异性都较好，许多国家已将此法作为监测和诊断PRRS的常规方法。

（六）类似病症鉴别

该病应与其他表现发热、呼吸道症状、繁殖障碍和神经症状的疾病进行鉴别诊断。如应与猪瘟、非洲猪瘟、伪狂犬病、猪圆环病毒2型感染、猪细小病毒病、猪流行性乙型脑炎、猪呼吸道冠状病毒病、脑心肌炎、猪血凝性脑脊髓炎、猪流行性感冒、仔猪先天性震颤、狂犬病、细菌性疾病及寄生虫病等进行区分。

1.HP-PRRS与猪瘟的鉴别

相关内容见"第一章 猪病毒病的类症鉴别"中"一、猪瘟"。

2.HP-PRRS与非洲猪瘟的鉴别

相关内容见"第一章 猪病毒病的类症鉴别"中"二、非洲猪瘟"。

3.与猪圆环病毒2型感染的鉴别

（1）相似点　母猪繁殖障碍；肾脏坏死；间质性肺炎。

（2）不同点　猪圆环病毒2型（PCV2）可致断奶仔猪多系统衰竭综合征（PMWS）和猪皮炎-肾病综合征（PDNS）。PMWS病猪脾脏表面和边缘有沙粒大小丘样突起；PDNS病猪皮肤散在分布红色隆起疹块或结痂。病料经PCR或实时定量PCR检测呈PCV2阳性。

4.与伪狂犬病的鉴别

（1）相似点　呼吸道症状；神经症状；母猪繁殖障碍。

（2）不同点　① 猪和野猪是PRRSV的唯一自然宿主；多种家畜和野生动物均是伪狂犬病病毒（PRV）的宿主。② 伪狂犬病猪肝脏、脾脏及扁桃体坏死。病料接种于健康家兔会使其发热、表现奇痒症状、死亡。病料经PCR或实时定量PCR检测呈PRV阳性。

5.与猪细小病毒病的鉴别

（1）相似点　母猪繁殖障碍（多次发情而不孕，流产或产死胎、木乃伊胎）。

（2）不同点　猪细小病毒（PPV）感染母猪表现繁殖障碍，多以初产母猪居多。病料经PCR或实时定量PCR检测呈PPV阳性。

6.与猪流行性乙型脑炎的鉴别

（1）相似点　发热；神经症状；母猪繁殖障碍。

（2）不同点　猪流行性乙型脑炎为人畜共患传染病；多发生在蚊虫孳生多的夏秋季；蚊子是传播媒介也是贮存宿主；公畜睾丸炎多为一侧性。RT-PCR扩增日本乙型脑炎病毒（JEV）膜（E）蛋白基因呈阳性，或实时定量PCR方法鉴别检测确定为JEV阳性。

7.与猪呼吸道冠状病毒病的鉴别

（1）相似点　呼吸道症状。

（2）不同点　猪呼吸道冠状病毒病主要侵害2～3周龄仔猪，感染率很高，但发病率和病死率非常低，单纯的呼吸道冠状病毒感染只表现短期咳嗽，并无其他症状。RT-PCR扩增猪呼吸道冠状病毒（PRCV）*ORF3b*基因呈阳性，或实时定量PCR方法鉴别检测确定为PRCV阳性。

8.与脑心肌炎的鉴别

（1）相似点　发热；呼吸困难；神经症状（肌肉震颤）；母猪繁殖障碍；皮肤淤血；心肌坏死。

（2）不同点　脑心肌炎病毒是引起猪、某些啮齿类动物和灵长类动物的以脑炎和心肌炎为特征的人畜共患传染病。啮齿类动物是该病的贮存宿主。病料经RT-PCR检测呈脑心肌炎病毒（EMCV）*VP1*或*3D*基因阳性，或实时定量PCR方法鉴别检测确定为EMCV阳性。

9.与猪血凝性脑脊髓炎的鉴别

（1）相似点　肌肉颤抖。

（2）不同点　猪血凝性脑脊髓炎病毒（PHEV）属于冠状病毒科β冠状病毒属，主要感染1～4周龄仔猪。血凝性脑脊髓炎型病猪常有磨牙症状，失明，眼球震颤，眼观病变不明显。病料经RT-PCR检测呈PHEV结构蛋白（S、M、N）基因阳性，或实时定量PCR方法鉴别检测确定为PHEV阳性。

10.与猪流行性感冒的鉴别

（1）相似点　发热；呼吸道症状；神经症状；母猪繁殖障碍。

（2）不同点　猪流行性感冒病毒除感染猪外，还可感染人类。病猪皮肤淤血较PRRS轻微，病变局限于呼吸系统，呼吸道可见大量泡沫样渗出物，胸腔积液。RT-PCR扩增猪流行性感冒病毒（SIV）*HA*基因呈阳性，或实时定量PCR方法鉴别检测确定为SIV阳性。

11.与仔猪先天性震颤的鉴别

（1）相似点　均有神经症状。

（2）不同点　仔猪先天性震颤多发生于哺乳仔猪，病料经RT-PCR检测仔猪先天性震颤瘟病毒（APPV）*NS5B*基因呈阳性。

12.与狂犬病的鉴别

（1）相似点　神经症状。

（2）不同点　狂犬病是由狂犬病病毒感染引起的一种致死性人畜共患传染病。狂犬病典型症状为恐水。病料经RT-PCR检测呈狂犬病病毒膜蛋白基因阳性。该病可用狂犬病疫苗预防。

13.与猪传染性萎缩性鼻炎的鉴别

（1）相似点　临床均表现咳嗽等呼吸道症状。

（2）不同点　猪传染性萎缩性鼻炎导致病猪时常流泪，形成"泪斑"；鼻甲骨一侧萎缩，甚至鼻和面部变形。

14.与猪支原体肺炎（猪气喘病）的鉴别

（1）相似点　呼吸困难（咳嗽和气喘）。

（2）不同点　猪支原体肺炎为慢性呼吸道病；慢性病例连续咳嗽多发生于早晨活动和喂食过程中；常见心叶和尖叶对称性的肉样或虾样实变；病原体为猪肺炎支原体。多西环素、长效土霉素等敏感抗菌药治疗有效。病料经PCR方法检测呈猪肺炎支原体膜蛋白基因阳性。

15. 与猪传染性胸膜肺炎的鉴别

（1）相似点　发热；呼吸道症状；皮肤发绀；母猪繁殖障碍（流产）。

（2）不同点　猪传染性胸膜肺炎以出血性纤维素性胸膜肺炎（急性）和纤维素性坏死性胸膜肺炎（慢性）为特征。病猪鼻孔流出血色样分泌物，纤维素性肺炎、纤维素性心包炎。用敏感抗生素治疗有效。病料或细菌分离培养物经镜检见革兰氏阴性两极染色的球杆菌；进一步经PCR方法检测呈胸膜肺炎放线杆菌（APP）血清1～14型的表面抗原蛋白D15和16S rRNA基因阳性。

16. 与猪链球菌病（脑膜炎型）的鉴别

（1）相似点　发热；神经症状。

（2）不同点　链球菌病是人畜共患传染病，除能引起猪的脑膜炎外，还可致猪关节炎、心内膜炎、中耳炎、支气管炎和中毒休克综合征等。链球菌病猪体温可高达40.5～42.5℃；部分病例心瓣膜上可见菜花样赘生物。病料分离纯化细菌为革兰氏阳性、球菌，PCR检测猪链球菌16S rRNA基因呈阳性。用敏感抗生素治疗有良好效果。

17. 与李氏杆菌病的鉴别

（1）相似点　发热；神经症状。

（2）不同点　李氏杆菌病是一种人畜共患传染病。病料或分离纯化细菌为"V"字形排列的革兰氏阳性细小杆菌，PCR检测李氏杆菌16S rRNA基因呈阳性。用敏感抗生素治疗有良好效果。

18. 与破伤风的鉴别

（1）相似点　神经症状。

（2）不同点　破伤风是一种人畜共患传染病。病料或分离纯化细菌为革兰氏阳性，病料经PCR检测破伤风梭菌16S rRNA基因呈阳性。破伤风典型症状为肌肉强直，可用破伤风抗毒素预防。

19. 与布鲁氏菌病的鉴别

（1）相似点　发热；母猪繁殖障碍。

（2）不同点　布鲁氏菌病是一种人畜共患传染病，除引发母猪的流产、早产外，还可见皮下脓肿、结节性脓肿（淋巴结、肝脏、脾脏、乳腺和肾脏）、化脓性关节炎、腱鞘炎及公猪的睾丸炎和附睾炎。用敏感抗生素治疗有效。病料或细菌分离培养物经镜检见革兰氏阴性小球杆菌；进一步经PCR方法或实时定量PCR检测呈布鲁氏菌阳性；被检血清呈虎红平板凝集反应阳性。

20. 与副猪嗜血杆菌病的鉴别

（1）相似点　发热；呼吸道症状。

（2）不同点　副猪嗜血杆菌病以多发性浆膜炎和关节炎为特征。病料或细菌分离培养物经镜检见革兰氏阴性、多形性细菌；进一步经PCR方法检测呈副猪嗜血杆菌16S rRNA基因阳性。

21.与炭疽的鉴别

（1）相似点　呼吸困难。

（2）不同点　炭疽是由炭疽杆菌引起的人畜共患传染病。炭疽病例天然孔出血；天然孔分泌物镜检见革兰氏阳性、竹节状大杆菌。

22.与弓形虫病的鉴别

（1）相似点　高热；呼吸困难；母猪繁殖障碍（流产）；可视黏膜及皮肤发绀。

（2）不同点　弓形虫病是人畜共患寄生虫病，猫科动物是弓形虫的终末宿主。剖检见肺水肿，淋巴结灰白色坏死，肝脏坏死，肾脏坏死，脾脏淤血、肿大，心包、胸腔和腹腔有积水。镜检见肝脏坏死灶周围的巨噬细胞、淋巴窦内皮细胞和肺泡上皮细胞内有数量不等的弓形虫速殖子。病料可检出滋养体与包囊，病料经巢式PCR、半巢式PCR或实时定量PCR等分子生物学方法检测呈弓形虫阳性。弓形虫病间接血凝试验（IHA）检测被检血清呈阳性。早期用磺胺嘧啶等药物治疗效果良好。

23.与猪蛔虫病的鉴别

（1）相似点　呼吸困难。

（2）不同点　猪蛔虫病病原是猪蛔虫，可用直接涂片法和漂浮法检查虫卵。剖检可在肝脏表面见幼虫移行形成的"乳斑肝"；或发现蛔虫成虫大量寄生于小肠内。

24.与棘球蚴病的鉴别

（1）相似点　呼吸困难。

（2）不同点　棘球蚴病是人畜共患寄生虫病。生前诊断困难，多在尸体剖检时才能发现；多采用皮内变态反应法诊断，间接血凝试验和ELISA试验对棘球蚴病有较高的检出率。阿苯达唑和吡喹酮治疗该病效果较好。

25.与猪肺线虫病的鉴别

（1）相似点　呼吸困难。

（2）不同点　猪肺线虫病是由后圆线虫引起的一种呼吸系统寄生虫病。生前确诊可采病猪新鲜粪便，用硫酸镁饱和盐水漂浮法检查虫卵确认；还可用变态反应诊断法进行检测；死后尸体剖检可在气管和支气管中发现虫体。

（七）防制方法

1.预防措施

① 坚持自繁自养的原则，建立稳定的种猪群，不轻易引种。如果必须引种，引种前必须检疫，进行实验室检测，确认该病阴性后方可操作。新引进的种猪要做好隔离、监测工作，一般需隔离检疫饲养4～5周，健康者方可混群饲养。规模化猪场应彻底实行全进全出，至少要做到产房和保育两个阶段的全进全出。

② 建立健全规模化猪场的生物安全体系，定期对猪舍和环境进行消毒，保持猪舍、饲养管理用具及环境的清洁卫生。一方面可防止外来疫病的传入，另一方面通过严格的卫生消毒措施把猪场内的病原微生物的污染降低到最低限，可以最大限度地控制和降低PRRSV感染猪群的发生率和继发感染机会。

③ 做好其他疫病的免疫接种，控制好其他疫病，特别是对猪瘟、伪狂犬病和猪气喘病的控制。

④ 国内外已推出商品化的PRRS弱毒疫苗和灭活苗，国内也有正式批准的灭活疫苗，但至今尚无十分有效的免疫防制措施。PRRS弱毒疫苗的返祖毒力增强的现象和安全性问题日益引起人们的担忧。国内外有因使用弱毒疫苗而在猪群中引发多起PRRS暴发的现象，因此，应慎重使用弱毒疫苗。在对PRRSV序列分析基础上，感染猪场可考虑给猪群接种已上市的且基因型高度匹配的灭活疫苗。

用灭活疫苗预防猪繁殖与呼吸综合征的参考程序：

仔猪：21日龄，免疫1次。

母猪：怀孕40天内进行初次免疫接种，间隔20天后进行第2次接种，以后每隔6个月接种1次。

种公猪：初次接种与母猪同时进行，间隔20天后进行第2次接种，以后每隔6个月接种1次。

以上动物接种途径均为颈部肌注，接种剂量参考疫苗使用说明书。

2.治疗方法

目前对该病没有特效药物可以治疗。

① 定期对猪群中PRRSV的感染状况进行监测，以了解PRRS在猪场的活动状况。一般每季度监测一次，对各个阶段的猪群采样进行抗体监测，如果4次监测抗体阳性率没有显著变化，则表明该病在猪场是稳定的。

② PRRSV感染猪场应做好各阶段猪群的饲养管理，保证猪群的营养水平，以提高猪群对其他病原微生物的抵抗力，从而降低继发感染的发生率和由此造成的损失。

③ 对发病猪场要严密封锁。感染发病的种公猪应坚决淘汰。淘汰有病或带毒母猪；对流产的胎衣、死胎及死猪都要做好无害化处理，产房彻底消毒。隔离病猪，对症治疗，改善饲喂条件等。对感染后康复的仔猪，应隔离饲养，育肥出栏后，圈舍及用具及时彻底消毒再使用。

五、猪圆环病毒2型感染

猪圆环病毒2型感染又称断奶仔猪多系统衰竭综合征（PMWS），是由猪圆环病毒2型（PCV 2）引起的一种传染病。其主要感染8～10周龄仔猪，临床症状以仔猪腹泻、消瘦和呼吸困难为特征。

（一）病原

PCV 2属圆环病毒科、圆环病毒属，无囊膜，单股环状DNA病毒。PCV 2可导致PMWS、猪皮炎-肾病综合征（PDNS）、间质性肺炎、母猪繁殖障碍、猪增生性坏死性肺炎和先天性颤抖等疾病。PCV 2具有6种基因型（PCV 2a、PCV 2b、PCV 2c、PCV 2d、PCV 2e、PCV 2f），PCV 2a、PCV 2b、PCV 2d是目前我国国内流行的3种主要基因型。近年PCV 2d基因型在主要的猪肉生产地区（包括中国、美国、欧洲、韩国和南美洲）的流行率一直在上升。

（二）流行病学

在我国大多数地区的猪群中，PCV 2的感染已经普遍存在。各种日龄、不同性别的猪都可感染，尤其是5～12周龄猪。病猪和带毒猪是该病的主要传染源，该病毒可通过水平传播和垂直传播使猪群感染。

（三）临床特征

PMWS型病猪表现为渐进性消瘦（图1-62、图1-63）、呼吸困难、生长发育不良，淋巴结肿大、腹泻、皮肤苍白和黄疸（图1-64）。PDNS型病猪可见皮肤散在分布红色隆起疹块（视频1-7）或结痂（图1-65～图1-68）。

视频1-7

猪皮炎-肾病综合征型
病例皮肤见丘疹

图1-62　PMWS型仔猪消瘦（一）
（陈立功供图）

图1-63　PMWS型仔猪消瘦（二）
（王小波供图）

图1-64　PMWS型仔猪黄疸
（陈立功供图）

图1-65　PDNS型猪耳部和腹部
皮肤见大量丘疹
（赵茂华供图）

图1-66　PDNS型猪皮肤红色
隆起疹块（一）
（段晓军供图）

图1-67 PDNS型猪皮肤红色隆起疹块（二）（王小波供图）

图1-68 PDNS型猪皮肤表面病灶结痂（王小波供图）

（四）病理变化

1.PMWS型猪

PMWS型病猪剖检病变主要为全身淋巴结，尤其是腹股沟浅淋巴结（图1-69）、肠系膜淋巴结、支气管肺门淋巴结和颌下淋巴结显著肿大；脾脏肿大，表面和边缘有沙粒大小丘样突起（图1-70、图1-71）；肺脏水肿，间质增宽，质地坚实，散在大小不等的红褐色实变区（图1-72、图1-73）；肝脏不同程度变性，表面见黄白色散在或成片病灶（图1-74、图1-75）；胆囊大小不一，胆汁较浓稠豆油样，呈不同程度的浓绿色；肾脏肿大，呈灰白色，被膜下有坏死灶（图1-76）；胃底黏膜有时出血、溃疡（图1-77）。组织学变化主要为淋巴结中淋巴细胞缺失、上皮样组织细胞和多核巨细胞浸润（图1-78、图1-79）；肺泡壁间质增宽（图1-80），肺泡腔内可见多核巨细胞浸润（图1-81）；肾脏呈间质性肾炎变化（图1-82）。

图1-69 腹股沟浅淋巴结肿大
（王小波供图）

图1-70 仔猪脾脏表面和边缘见
大量沙粒大小丘疹
（陈立功供图）

图1-71 脾脏表面和边缘见
沙粒大小丘疹
（陈立功供图）

图1-72　肺脏外观呈斑驳状，质地似橡皮（王小波供图）

图1-73　肺组织呈灰红色斑驳状（王小波供图）

图1-74　仔猪肝脏坏死（陈立功供图）

图1-75　肝脏变性、坏死
（陈立功供图）

图1-76　肾脏肿大、坏死
（王小波供图）

图1-77　胃底黏膜溃疡、出血
（王小波供图）

图1-78　腹股沟浅淋巴结淋巴小结内淋巴细胞数量减少（HE，400×）（王小波供图）

图1-79　腹股沟浅淋巴结淋巴窦内巨噬细胞数量增多（HE，400×）（王小波供图）

图1-80　肺泡壁间质增宽（HE，100×）（王小波供图）

图1-81　肺泡腔内可见多核巨细
胞浸润（HE，400×）
（王小波供图）

图1-82　肾脏间质内炎症细胞浸
润（HE，400×）（王小波
供图）

2.PDNS型猪

PDNS型病猪除皮肤病变外，可见肾脏肿大、出血、坏死呈花斑样变化（图1-83）。

图1-83　肾脏出血坏死
（段晓军供图）

（五）实验室诊断

根据临床特征和淋巴组织、肺、肝、肾特征性病变和组织学变化，可以做出初步诊断。确诊需进行病毒分离和鉴定，也可以用免疫荧光或原位核酸杂交进行诊断；还可用PCR（图1-84）和实时定量PCR方法等。

图1-84 猪圆环病毒PCR检测结果
（陈立功供图）

（六）类似病症鉴别

该病应与其他表现呼吸道症状、繁殖障碍、神经症状和消瘦的疾病进行鉴别诊断。如应与猪繁殖与呼吸综合征、猪圆环病毒3型感染、伪狂犬病、猪细小病毒病、猪流行性乙型脑炎、脑心肌炎、猪呼吸道冠状病毒病、猪流行性感冒、仔猪先天性震颤、狂犬病、猪传染性胸膜肺炎、猪支原体肺炎、布鲁氏菌病、猪链球菌病（脑膜炎型）、李氏杆菌病、破伤风、弓形虫病、猪冠尾线虫病、猪蛔虫病、猪细颈囊尾蚴病、钩端螺旋体病、新生仔猪溶血病、仔猪缺铁性贫血、猪硒缺乏症等疾病进行区分。

1.与猪繁殖与呼吸综合征的鉴别

相关内容见"第一章 猪病毒病的类症鉴别"中"四、猪繁殖与呼吸综合征"。

2.与猪圆环病毒3型（PCV 3）感染的鉴别

（1）相似点 PCV 2与PCV 3均为圆环病科圆环病毒属成员，均无囊膜，为单股DNA病毒。PCV 3感染猪临床症状与病理变化与PCV 2高度相似，均可垂直传播，均可致猪皮炎-肾病综合征（PDNS）和母猪繁殖障碍（流产，产弱胎、死胎、木乃伊胎和弱仔猪）等。

（2）不同点　PCV 2与PCV3 Cap蛋白氨基酸同源性仅为30%，两者间存在交叉免疫保护可能性较低。可以通过组织样品中病毒分离、DNA测序、中和试验、免疫组化和实时定量PCR等技术鉴定这两种病毒。

3. 与伪狂犬病的鉴别

（1）相似点　仔猪发热、呼吸困难；母猪繁殖障碍（流产，产死胎、木乃伊胎和弱仔猪）。

（2）不同点　伪狂犬病仔猪脾脏、扁桃体坏死；病料接种于健康家兔使其发热、表现奇痒症状、死亡。病料经PCR或实时定量PCR检测呈PRV阳性。

4. 与猪细小病毒病的鉴别

（1）相似点　母猪繁殖障碍（多次发情而不孕，流产或产死胎、木乃伊胎）。

（2）不同点　猪细小病毒（PPV）感染母猪表现繁殖障碍，多以初产母猪居多。病料经PCR和实时定量PCR检测呈PPV阳性。

5. 与猪流行性乙型脑炎的鉴别

（1）相似点　发热；母猪繁殖障碍。

（2）不同点　猪流行性乙型脑炎为人畜共患传染病，对公猪、母猪危害较大；多发生在蚊虫孳生多的夏秋季；蚊子是传播媒介也是贮存宿主；公畜睾丸炎多为一侧性。RT-PCR扩增日本乙型脑炎病毒（JEV）膜（E）蛋白基因呈阳性，或实时定量PCR方法鉴别检测确定为JEV阳性。

6. 与脑心肌炎的鉴别

（1）相似点　发热；呼吸困难；母猪繁殖障碍（流产，产死胎、木乃伊胎或产下弱仔）。

（2）不同点　脑心肌炎病毒是引起猪、某些啮齿类动物和灵长类动物以脑炎和心肌炎为特征的人畜共患传染病。啮齿类动物是该病的贮存宿主。病料经RT-PCR检测呈脑心肌炎病毒（EMCV）*VP1*或*3D*基因阳性，或实时定量PCR方法鉴别检测确定为EMCV阳性。

7. 与猪呼吸道冠状病毒病的鉴别

（1）相似点　发热；呼吸道症状。

（2）不同点　猪呼吸道冠状病毒病主要侵害2～3周龄仔猪，感染率很高，但发病率和病死率非常低，单纯的呼吸道冠状病毒感染只表现短期咳嗽，并无其他症状。RT-PCR扩增猪呼吸道冠状病毒（PRCV）*ORF3b*基因呈阳性，或实时定量PCR方法鉴别检测确定为PRCV阳性。

8. 与猪流行性感冒的鉴别

（1）相似点　呼吸道症状；母猪繁殖障碍。

（2）不同点　猪流行性感冒病毒除感染猪外，还可感染人类。流感病猪病变局限于呼吸系统，呼吸道可见大量泡沫样渗出物，胸腔积液；脾脏无PMWS病猪脾脏病变；皮肤无PDNS病猪相关病变。RT-PCR扩增猪流行性感冒病毒（SIV）*HA*基因呈阳性，或实时定量

PCR方法鉴别检测确定为SIV阳性。

9.与仔猪先天性震颤的鉴别

（1）相似点　均有神经症状。

（2）不同点　仔猪先天性震颤多发生于哺乳仔猪，病料经RT-PCR检测仔猪先天性震颤瘟病毒（APPV）*NS5B*基因呈阳性。

10.与狂犬病的鉴别

（1）相似点　神经症状。

（2）不同点　狂犬病是由狂犬病病毒感染引起的一种致死性人畜共患传染病。病料经RT-PCR检测狂犬病病毒膜蛋白基因呈阳性。狂犬病典型症状为恐水，可用狂犬病疫苗预防。

11.与猪传染性胸膜肺炎的鉴别

（1）相似点　呼吸道症状；皮炎；流产。

（2）不同点　PMWS病猪皮肤苍白和黄疸；PDNS病猪皮肤分布红色隆起疹块或结痂。猪传染性胸膜肺炎病猪皮肤淤血，急性病例以出血性纤维素性胸膜肺炎为特征，慢性病例以纤维素性坏死性胸膜肺炎为特征。病猪鼻孔流出血色样分泌物，纤维素性肺炎、纤维素性心包炎。用敏感抗生素治疗有效。病料、细菌分离培养物经镜检见革兰氏阴性两极染色的球杆菌；进一步经PCR方法检测呈胸膜肺炎放线杆菌（APP）血清1～14型的表面抗原蛋白D15和16S rRNA基因阳性。

12.与猪支原体肺炎（猪气喘病）的鉴别

（1）相似点　慢性消耗性疾病；呼吸困难。

（2）不同点　猪支原体肺炎连续咳嗽多发生于早晨活动和喂食过程中；常见心叶和尖叶对称性的肉样或虾样实变；病原体为猪肺炎支原体。多西环素、长效土霉素等敏感抗菌药治疗有效。病料经PCR方法检测呈猪肺炎支原体膜蛋白基因阳性。

13.与布鲁氏菌病的鉴别

（1）相似点　母猪繁殖障碍。

（2）不同点　PMWS病猪脾脏表面和边缘有沙粒大小丘样突起。布鲁氏菌病是一种人畜共患传染病，除引发母猪的流产、早产外，还可见皮下脓肿、结节性脓肿（淋巴结、肝脏、脾脏、乳腺和肾脏）、化脓性关节炎、腱鞘炎及公猪的睾丸炎和附睾炎。用敏感抗生素治疗有效。病料、细菌分离培养物经镜检见革兰氏阴性小球杆菌；进一步经PCR方法或实时定量PCR检测呈布鲁氏菌阳性；被检血清呈虎红平板凝集反应阳性。

14.与猪链球菌病（脑膜炎型）的鉴别

（1）相似点　发热；神经症状。

（2）不同点　猪链球菌病是一种人畜共患传染病，除能引起猪的脑膜炎外，还可致猪关节炎、心内膜炎、中耳炎、支气管炎和中毒休克综合征等。链球菌病猪体温可高达40.5～42.5℃；部分病例心瓣膜上可见菜花样赘生物。病料分离纯化细菌为革兰氏阳性、球菌，PCR检测猪链球菌16S rRNA基因呈阳性。用敏感抗生素治疗有良好效果。

15.与李氏杆菌病的鉴别

（1）相似点 发热；神经症状。

（2）不同点 李氏杆菌病是一种人畜共患传染病。病料或分离纯化细菌为"V"字形排列的革兰氏阳性细小杆菌，PCR检测李氏杆菌16S rRNA基因呈阳性。用敏感抗生素治疗有良好效果。

16.与破伤风的鉴别

（1）相似点 神经症状。

（2）不同点 破伤风是一种人畜共患传染病。病料或分离纯化细菌为革兰氏阳性，病料经PCR检测破伤风梭菌16S rRNA基因呈阳性。破伤风典型症状为肌肉强直，可用破伤风抗毒素预防。

17.与弓形虫病的鉴别

（1）相似点 呼吸困难；皮炎；母猪流产。

（2）不同点 PMWS病猪脾脏表面和边缘有沙粒大小丘样突起。弓形虫病是一种人畜共患原虫病；猫是弓形虫的终末宿主；表现为肺水肿。早期用磺胺嘧啶等药物治疗效果良好。病料可检出滋养体与包囊。弓形虫病间接血凝试验（IHA）检测被检血清呈阳性；经巢式PCR、半巢式PCR或实时定量PCR等检测弓形虫的*B1*基因呈阳性。

18.与猪冠尾线虫病的鉴别

（1）相似点 皮炎（丘疹和红色小结节）；消瘦；黄疸。

（2）不同点 猪冠尾线虫病是由有齿冠尾线虫的成虫寄生于猪的肾盂、肾周围脂肪和输尿管壁处而引起。5月龄以上的猪，可在尿沉渣中检查到虫卵；5月龄以下的仔猪，只能在剖检时，在肝、肺、脾等处发现虫体。

19.与猪蛔虫病的鉴别

（1）相似点 黄疸。

（2）不同点 猪蛔虫病是由猪蛔虫寄生于猪小肠引起的。剖检见到蛔虫虫体或用饱和盐水漂浮法检查到蛔虫虫卵均可确诊。

20.与猪细颈囊尾蚴病的鉴别

（1）相似点 黄疸。

（2）不同点 猪细颈囊尾蚴病是细颈囊尾蚴寄生于猪的肝脏、浆膜、网膜、肠系膜而引起的一种绦虫蚴病。尸体剖检或宰后检验发现虫体即可确诊。

21.与钩端螺旋体病的鉴别

（1）相似点 黄疸。

（2）不同点 钩端螺旋体病是由致病性钩端螺旋体引起的一种人畜共患传染病。该病需在临诊症状和病理剖检的基础上，结合微生物学和免疫学诊断才能确诊。

22.与新生仔猪溶血病的鉴别

（1）相似点 黄疸。

（2）不同点　新生仔猪溶血病属Ⅱ型超敏反应性免疫病，不具有传染性。采母猪血清或初乳仔猪的红细胞做凝集试验，阳性者即可确诊。

23.与仔猪缺铁性贫血的鉴别

（1）相似点　消瘦；贫血。

（2）不同点　仔猪缺铁性贫血不具有传染性，据流行病学调查、临诊症状，红细胞计数、血红蛋白含量测定结果及特异性治疗（用铁制剂）疗效明显，即可做出诊断。

24.与猪硒缺乏症的鉴别

（1）相似点　腹泻；神经症状；肝脏损伤。

（2）不同点　猪硒缺乏症属于营养代谢性疾病，根据临诊基本症候群，结合病史、病理变化及亚硒酸钠治疗效果等，可做出初步诊断。确诊需采血液做硒定量测定和谷胱甘肽过氧化物酶活性测定。

（七）防制方法

1.预防措施

预防可用PCV 2商品化疫苗对断乳前仔猪进行免疫接种。平时加强猪场的饲养管理和兽医防疫卫生工作，一旦发现可疑病猪及时隔离，并加强消毒。

2.治疗方法

① 可选用干扰素、白细胞介素、免疫球蛋白、转移因子等进行治疗。

② 同时选用敏感抗生素控制继发或并发的细菌感染。

六、伪狂犬病

伪狂犬病又称奥耶兹基氏病，简称阿氏病，是由伪狂犬病病毒引起的多种家畜和野生动物的一种急性传染病。猪是该病毒的自然宿主和贮存者，仔猪和其他易感动物一旦感染该病，死亡率高达100%，成年母猪和公猪多表现为繁殖障碍及呼吸道症状。

（一）病原

伪狂犬病病毒常存在于脑脊髓组织中。感染猪在发热期，其鼻液、唾液、乳汁、阴道分泌物以及血液、实质器官中都含有病毒。伪狂犬病病毒只有一个血清型，但不同毒株在毒力和生物学特征等方面存在差异。遗传进化分析表明，PRV毒株共形成两大遗传分支，分别为基因Ⅰ型和基因Ⅱ型。

（二）流行病学

该病一年四季都可发生，但以冬春和产仔旺季多发，传播途径主要是直接或间接接触，还可经呼吸道黏膜、破损的皮肤等发生感染。多为分娩高峰的母猪首先发病，窝发病率可达100%。发病猪主要为15日龄以内仔猪，发病最早日龄是4日龄，发病率98%，死亡率

85%。随着年龄增长，死亡率可下降，成年猪轻微发病，但极少死亡。母猪多呈一过性或亚临床感染，妊娠母猪感染该病可经胎盘侵害胎儿，泌乳母猪感染该病1周左右乳中有病毒出现，可持续3～5天，此时仔猪可因吮乳而感染该病。

（三）临床特征

临床特征随年龄增长有差异。新生仔猪第一天还很好，从第二天开始发病（图1-85～图1-87、视频1-8、视频1-9），3～5天达死亡高峰，常整窝死光。2周龄以内哺乳仔猪，病初发热，呕吐，下痢，厌食，精神不振，呼吸困难，呈腹式呼吸，继而出现神经症状，如共济失调（图1-88、视频1-10），最后衰竭而死亡。3～4周龄仔猪症状同上，病程略长，多便秘，病死率可达40%～60%。部分耐过猪常有后遗症，如偏瘫和发育受阻。2月龄以上猪，症状轻微或隐性感染，表现一过性发热、咳嗽、便秘，有的病猪呕吐，多在3～4天恢复。若体温继续升高，病猪出现神经症状（视频1-11～视频1-13），如震颤、共济失调、头向上抬、背拱起、倒地后四肢痉挛，间歇性发作。

视频1-8

发病仔猪倒地、四肢滑动、嘴角见泡沫样分泌物，呼吸困难

视频1-9

仔猪四肢麻痹，嘴角见白色泡沫样分泌物

视频1-10

初生仔猪神经症状（四肢划水状）

视频1-11

断奶仔猪神经症状（趴卧不动，站立后后肢颤抖）

视频1-12

断奶仔猪昏睡

视频1-13

断奶仔猪神经症状、叫声嘶哑

图1-85　发病仔猪嘴角存有泡沫样分泌物（一）（陈立功供图）

图1-86 发病仔猪嘴角见泡沫样分
泌物（二）（陈立功供图）

图1-87 新生仔猪俯卧不起
（陈立功供图）

图1-88 仔猪倒地四肢划动
（赵茂华供图）

　　怀孕母猪表现为精神不振，发热，咳嗽，流产，产木乃伊胎、死胎和弱仔。这些弱仔猪1～2天内出现呕吐、腹泻、运动失调、痉挛、角弓反张，通常在24～36小时内死亡。

　　（四）病理变化

　　神经症状明显的病猪，死后脑膜明显充血、出血，脑脊髓液增多。上呼吸道内含有大量泡沫样水肿液，肺充血、水肿、出血（图1-89）。扁桃体（图1-90）、肝（图1-91、图1-92）、脾坏死。肾脏肿大，表面见点状出血和灰白色坏死灶（图1-93）。流产胎儿的脑和臀部皮肤有出血点，肾和心肌出血，肝和脾有灰白色坏死灶。

图1-89　仔猪肺脏出血

（陈立功供图）

图1-90　病猪扁桃体坏死

（陈立功供图）

图1-91　病猪肝脏坏死

（陈立功供图）

图1-92　肝脏坏死（陈立功供图）

图1-93　肾脏见点状出血、灰白色坏
死灶（陈立功供图）

（五）实验室诊断

根据流行病学、临床症状和病理变化可做初步诊断，确诊需要进行实验室检测。

1.病原鉴定

（1）病毒分离　病猪唾液或其他病料（脑和扁桃体）上清液接种于PK-15细胞、BHK-21细胞、Hela细胞、Vero细胞及鸡胚成纤维细胞均可进行PRV的分离。接种后观察有无细胞病变（CPE）和典型的疱疹病毒嗜酸性核内包涵体，并用免疫荧光、免疫过氧化物酶或特异性抗血清中和试验鉴定病毒。

（2）分子生物学鉴定　取病料或分离的病毒，提取DNA，用针对PRV的特异性引物进行PCR扩增目的片段，对PCR阳性产物进行PRV gE基因的克隆测序和遗传进化分析。取病料或分离病毒提取DNA，经PCR（图1-94）或实时定量PCR检测呈PRV阳性，也可确诊。

图1-94 伪狂犬病病毒PCR检测结果（陈立功供图）

2. 血清学试验

（1）病毒中和试验 此方法是检测病毒的经典方法，适于条件技术比较好的实验室应用。

（2）ELISA试验 对 gE 抗体进行检测，可用于区分感染动物和免疫动物，为PRV的净化提供了重要依据。

3. 动物试验

用病料上清液或病料分离的病毒进行PRV的"奇痒试验"也可确诊。接种动物（常用家兔）感染PRV，接种部位出现奇痒症状，表现为接种动物啃咬接种部位（图1-95、图1-96），接种部位掉毛、破溃、出血，接种动物出现神经症状、死亡。

（六）类似病症鉴别

该病应与其他表现发热、呼吸道症状、繁殖障碍和神经症状的疾病进行鉴别诊断。如应与猪瘟、猪繁殖与呼吸综合征、猪圆环病毒2型感染、猪细小病毒病、猪流行性乙型脑

图1-95 病料接种兔啃咬接种部位
（一）（陈立功供图）

图1-96 病料接种兔啃咬接种部位
（二）（陈立功供图）

炎、猪呼吸道冠状病毒病、脑心肌炎、猪血凝性脑脊髓炎、仔猪先天性震颤、狂犬病、猪支原体肺炎（猪气喘病）、布鲁氏菌病、破伤风、猪链球菌病（脑膜炎型）、仔猪水肿病、猪传染性胸膜肺炎、副猪嗜血杆菌病、猪传染性萎缩性鼻炎、李氏杆菌病、猪蛔虫病、弓形虫病、棘球蚴病、猪后圆线虫病、猪食盐中毒、猪中暑、仔猪低血糖症、猪硒缺乏症等进行区分。

1. 与猪瘟的鉴别

相关内容见"第一章 猪病毒病的类症鉴别"中"一、猪瘟"。

2. 与猪繁殖与呼吸综合征的鉴别

相关内容见"第一章 猪病毒病的类症鉴别"中"四、猪繁殖与呼吸综合征"。

3. 与猪圆环病毒2型感染的鉴别

相关内容见"第一章 猪病毒病的类症鉴别"中"五、猪圆环病毒2型感染"。

4.与猪细小病毒病的鉴别

（1）相似点：母猪繁殖障碍（多次发情而不孕，流产或产死胎、木乃伊胎）。

（2）不同点：猪细小病毒（PPV）主要侵害胚胎和胎儿，表现为胚胎和胎儿的感染与死亡，但母猪本身却没有明显的症状及病理变化。感染母猪的繁殖障碍多以初产母猪居多。病料经PCR和实时定量PCR检测呈PPV阳性。

5.与猪流行性乙型脑炎的鉴别

（1）相似点：发热；母猪繁殖障碍；公猪睾丸炎。

（2）不同点：猪流行性乙型脑炎是一种人畜共患传染病，多发生在蚊虫孳生多的夏秋季；蚊子是传播媒介也是贮存宿主；公畜睾丸炎多为一侧性，神经症状明显。RT-PCR扩增日本乙型脑炎病毒（JEV）膜（E）蛋白基因呈阳性，或实时定量PCR方法鉴别检测确定为JEV阳性。

6.与猪呼吸道冠状病毒病的鉴别

（1）相似点 呼吸道症状。

（2）不同点 猪呼吸道冠状病毒病主要侵害2～3周龄仔猪，感染率很高，但发病率和病死率非常低。单纯的呼吸道冠状病毒感染只表现短期咳嗽，并无其他症状。RT-PCR扩增猪呼吸道冠状病毒（PRCV）*ORF3b*基因呈阳性，或实时定量PCR方法鉴别检测确定为PRCV阳性。

7.与脑心肌炎的鉴别

（1）相似点 发热；呼吸困难；仔猪神经症状；妊娠母猪流产，产死胎、木乃伊胎或弱仔。

（2）不同点 脑心肌炎是猪、某些啮齿类动物和灵长类动物的一种以脑炎和心肌炎为特征的人畜共患传染病。RT-PCR扩增脑心肌炎病毒*VP1*或*3D*基因呈阳性，或实时定量PCR方法鉴别检测确定为EMCV阳性。

8.与猪血凝性脑脊髓炎的鉴别

（1）相似点 仔猪神经症状和呕吐。

（2）不同点 猪血凝性脑脊髓炎病毒（PHEV）为不分节段的单股正链RNA病毒，为冠状病毒科β冠状病毒属成员，主要感染1～4周龄仔猪。PHEV感染仔猪通常有脑脊髓炎型和呕吐消耗型2种临床表现。脑脊髓炎型多为急性暴发，病猪常有磨牙症状、失明、眼球震颤，眼观病变不明显。呕吐消耗型表现多为呕吐或生长缓慢。病料经RT-PCR检测呈PHEV结构蛋白（S、M、N）基因阳性，或实时定量PCR方法鉴别检测确定为PHEV阳性。

9.与仔猪先天性震颤的鉴别

（1）相似点 神经症状。

（2）不同点 仔猪先天性震颤多发生于哺乳仔猪，病料经RT-PCR检测仔猪先天性震颤瘟病毒（APPV）*NS5B*基因呈阳性。

10.与狂犬病的鉴别

（1）相似点 神经症状。

（2）不同点　狂犬病是由狂犬病病毒感染引起的一种致死性人畜共患传染病。病料经RT-PCR检测狂犬病病毒膜蛋白基因呈阳性。狂犬病典型症状为恐水，可用狂犬病疫苗预防。

11. 与猪支原体肺炎（猪气喘病）的鉴别

（1）相似点　呼吸困难（咳嗽和气喘）。

（2）不同点　猪支原体肺炎为慢性呼吸道病。慢性病例连续咳嗽多发生于早晨活动和喂食过程中；常见心叶和尖叶对称性的肉样或虾样实变；病原体为猪肺炎支原体。用多西环素、长效土霉素等敏感抗菌药治疗有效。病料经PCR方法检测呈猪肺炎支原体膜蛋白基因阳性。

12. 与布鲁氏菌病的鉴别

（1）相似点　发热；妊娠母猪繁殖障碍；公畜的睾丸炎。

（2）不同点　布鲁氏菌病是一种人畜共患传染病；除引发母猪的流产、早产外，还可见皮下脓肿、结节性脓肿（淋巴结、肝脏、脾脏、乳腺和肾脏）、化脓性关节炎、腱鞘炎。用敏感抗生素治疗有效。病料经镜检见革兰氏阴性小球杆菌；进一步经PCR方法或实时定量PCR检测呈布鲁氏菌阳性；被检血清呈虎红平板凝集反应阳性。

13. 与猪链球菌病（脑膜炎型）的鉴别

（1）相似点　发热；神经症状。

（2）不同点　猪链球菌病是由致病性猪链球菌感染引起的一种人畜共患传染病，除能引起猪的脑膜炎外，还可致猪关节炎、心内膜炎、中耳炎、支气管炎和中毒休克综合征等。链球菌病猪体温可高达40.5～42.5℃；部分病例心瓣膜上可见菜花样赘生物。病料分离纯化细菌为革兰氏阳性球菌，PCR检测猪链球菌16S rRNA基因呈阳性。用敏感抗生素治疗有良好效果。

14. 与猪传染性萎缩性鼻炎的鉴别

（1）相似点　呼吸道症状。

（2）不同点　猪传染性萎缩性鼻炎常导致病猪形成"泪斑"；鼻甲骨一侧萎缩，甚至鼻和面部变形。

15. 与副猪嗜血杆菌病的鉴别

（1）相似点　发热；呼吸道症状；神经症状。

（2）不同点　副猪嗜血杆菌病剖检病变以肺浆膜、心包以及腹腔浆膜和四肢关节浆膜的纤维素性炎症为特征。病料和细菌分离培养物经镜检见革兰氏阴性杆菌，具有多形性；进一步经PCR方法检测呈副猪嗜血杆菌16S rRNA基因阳性。

16. 与猪传染性胸膜肺炎的鉴别

（1）相似点　发热；咳嗽。

（2）不同点　猪传染性胸膜肺炎病猪皮肤淤血，急性病例以出血性纤维素性胸膜肺炎为特征，慢性病例以纤维素性坏死性胸膜肺炎为特征。病猪鼻孔流出血色样分泌物，纤维素性肺炎、纤维素性心包炎。用敏感抗生素治疗有效。病料、细菌分离培养物经镜检见革兰氏阴性两极染色的球杆菌；进一步经PCR方法检测呈胸膜肺炎放线杆菌（APP）血清1～14型的表面抗原蛋白D15和16S rRNA基因阳性。

17.与仔猪水肿病的鉴别

（1）相似点　仔猪神经症状。

（2）不同点　水肿病仔猪一般不发热，多见于断奶前后体格强壮仔猪发病，以眼睑、胃壁和肠系膜水肿为病理特征。病料或分离纯化细菌为革兰氏阴性杆菌，PCR检测猪大肠杆菌16S rRNA基因呈阳性，且*SLT-Ile*基因呈阳性，则证实病原为产志贺样毒素大肠杆菌（SLTEC）。

18.与李氏杆菌病的鉴别

（1）相似点　发热；神经症状。

（2）不同点　李氏杆菌病是一种人畜共患传染病。病料或分离纯化细菌为"V"字形排列的革兰氏阳性细小杆菌，PCR检测李氏杆菌16S rRNA基因呈阳性。用敏感抗生素治疗有良好效果。

19.与破伤风的鉴别

（1）相似点　神经症状。

（2）不同点　破伤风是一种人畜共患传染病。病料或分离纯化细菌为革兰氏阳性，病料经PCR检测破伤风梭菌16S rRNA基因呈阳性。破伤风典型症状为肌肉强直，可用破伤风抗毒素预防。

20.与弓形虫病的鉴别

（1）相似点　高热；呼吸困难；母猪流产或产死胎。

（2）不同点　弓形虫病是一种人畜共患原虫病；猫是弓形虫的终末宿主；表现为肺水肿。早期用磺胺嘧啶等药物治疗效果良好。病料可检出滋养体与包囊；弓形虫病间接血凝试验（IHA）检测被检血清呈阳性；用巢式PCR、半巢式PCR或实时定量PCR等检测弓形虫的*B1*基因呈阳性。

21.与猪蛔虫病的鉴别

（1）相似点　呼吸困难。

（2）不同点　猪蛔虫病是由猪蛔虫寄生于猪小肠引起。猪蛔虫新鲜虫体为淡红色或淡黄色。其可采用直接涂片法、饱和盐水漂浮法、贝尔曼氏法进行诊断。

22.与棘球蚴病的鉴别

（1）相似点　呼吸困难。

（2）不同点　棘球蚴病是人畜共患寄生虫病。其生前诊断困难，多在尸体剖检时才能发现；多采用皮内变态反应法诊断；间接血凝试验和ELISA试验对棘球蚴病有较高的检出率。用阿苯达唑和吡喹酮治疗该病效果较好。

23.与猪后圆线虫病的鉴别

（1）相似点　呼吸困难。

（2）不同点　猪后圆线虫病是由后圆线虫（又称猪肺线虫）寄生于猪的支气管和细支气管而引起的。生前确诊可依靠采病猪新鲜粪便，用饱和硫酸镁溶液浮集法检查虫卵确认。

24.与猪食盐中毒的鉴别

（1）相似点　神经症状。

（2）不同点　食盐中毒病猪有吃过量食盐史，一般体温不高，无传染性；且扁桃体、肝脏、脾脏无坏死病变。

25.与猪中暑的鉴别

（1）相似点　神经症状。

（2）不同点　猪中暑多发生于夏季，发病主要集中在中午至下午。其多因日光照射过于强烈且湿度较高；猪受日光照射时间长；猪圈狭小且不通风，饲养密度过大；长途运输时运输车厢狭小，过分拥挤，通风不良等而导致。

26.与仔猪低血糖症的鉴别

（1）相似点　神经症状。

（2）不同点　仔猪低血糖症的主要原因是仔猪出生后吮乳不足。根据母猪饲养管理不良、产后少乳或无乳，发病仔猪的临诊症状，尸体剖检变化及应用葡萄糖治疗的疗效等能做出诊断。

27.与猪硒缺乏症的鉴别

（1）相似点　神经症状；肝脏损伤。

（2）不同点　猪硒缺乏症属于营养代谢性疾病，根据临诊基本症候群，结合病史、病理变化及亚硒酸钠治疗效果等，可做出初步诊断。确诊需采血液做硒定量测定和谷胱甘肽过氧化物酶活性测定。

（七）防制方法

1.预防措施

① 该病主要应以预防为主，对新引进的猪要进行严格的实验室检测，引进后要隔离观察，抽血检验。

② 无害化处理病猪，淘汰初生仔猪感染伪狂犬病的母猪。

③ 猪场定期严格消毒，最好使用2%的氢氧化钠（烧碱）溶液或酚类消毒剂。

④ 猪场内采取严格灭鼠措施。

⑤ 免疫接种。种猪群只用基因缺失灭活苗；仔猪和育肥猪只使用基因缺失弱毒苗。同时采用强弱毒感染的鉴别诊断方法监测该病（对所有种猪及后备种猪每隔半年采血检测PRV *gE*基因抗体），以建立无PRV携带的健康种猪群。

2.治疗方法

目前没有特效药物治疗该病。紧急情况下，病猪表现神经症状前注射高免血清或病愈猪血清，有一定疗效。但耐过猪长期带毒，应隔离饲养。

七、猪细小病毒病

猪细小病毒病是由猪细小病毒（PPV）引起的易感母猪发生的一种繁殖障碍性疾病。其特征为受感染的母猪，特别是初产母猪产出死胎、畸形胎、木乃伊胎或病弱仔猪，偶有流产，但母猪本身无明显症状；有时也导致公猪、母猪不育，因此也称为猪繁殖障碍病。

（一）病原

PPV为细小病毒科细小病毒属成员，无囊膜，但具有血凝活性，可凝集豚鼠、恒河猴、小鼠、大鼠、猫、鸡和人O型血的红细胞。毒株有强弱之分，强毒株感染母猪后可导致病毒血症，并通过胎盘垂直感染，引起胎儿死亡；弱毒株感染怀孕母猪后不能经胎盘感染胎儿，而被用作疫苗株。

（二）流行病学

猪是PPV唯一已知的易感动物。病猪和带毒猪是主要的传染源。该病可发生水平传播和垂直传播。最常发生的感染途径是消化道、交配及胎盘感染。母猪流产时，死胎、木乃伊胎、子宫分泌物及活胎中均含有大量病毒。公猪带毒配种时易传染病毒给母猪。该病常见于初产母猪。健康猪群中，病毒一旦传入，3个月内几乎能导致100%感染。感染群的猪只，较长时间保持血清学反应阳性。

（三）临床特征

仔猪和母猪急性感染一般没有明显症状。性成熟母猪或不同怀孕期的母猪发病表现为母源性繁殖障碍，以头胎母猪居多，如多次发情而不孕，或产死胎、木乃伊胎、畸形胎及部分正常胎儿或少数弱胎。由于妊娠母猪感染时期不同，临床表现也有所差异，整个妊娠期感染均有可能发生流产，但以中、前期感染最易发生。感染的母猪可能重新发情而不分娩。在怀孕30～50天感染时，主要是产木乃伊胎；怀孕50～60天感染多出现死胎（图1-97）；怀孕70天以上则多能正常产仔，无其他明显症状。该病还可引起产仔瘦小、弱胎。

图1-97　死胎（陈立功供图）

（四）病理变化

肉眼可见怀孕母猪有轻度子宫内膜炎变化，胎盘部分钙化，胎儿在子宫内有被吸收和被溶解的现象。大多数死胎、死仔或弱仔皮肤和皮下充血或水肿（图1-98），胸、腹腔积有淡红或淡黄色渗出液，肝、肺、肾有时肿大脆弱或萎缩发暗。个别死仔、死胎皮肤出血，弱仔生后10小时先在耳尖，后在颈、胸、腹部及四肢末端内侧出现淤血、出血斑，半日内皮肤全部变紫而死亡（图1-99）。

图1-98　**皮下水肿**（陈立功供图）

图1-99　**弱仔皮肤淤血**

（陈立功供图）

（五）实验室诊断

根据流行病学、临床特征和剖检病理变化，即可做出初步诊断。必要时进行实验室检查予以确诊。

1.病毒的分离与鉴定

病毒分离鉴定是最经典的PPV检测方法。采集流产或死产胎儿的内脏组织处理后接种于PK-15细胞或ST细胞进行病毒分离，病毒增殖后需要结合电镜观察，用血凝抑制试验或间接免疫荧光法来确定。

2.血清学诊断

其包括病毒中和试验、血凝抑制试验、ELISA试验、琼脂扩散试验和免疫过氧化物酶单层细胞试验（IPMA）等方法。

3.分子生物学诊断方法

分离病毒或病料经PCR或套式PCR鉴别检测PPV *VP2* 基因阳性，或经实时定量PCR检测呈PPV呈阳性即可确诊。

（六）类似病症鉴别

该病应与其他表现繁殖障碍的疾病进行鉴别诊断。如应与猪瘟、非洲猪瘟、猪繁殖与呼吸综合征、猪圆环病毒2型感染、猪流行性感冒、猪流行性乙型脑炎、脑心肌炎、布鲁氏菌病及弓形虫病等进行区分。

1.与猪瘟的鉴别

（1）相似点　母猪繁殖障碍。

（2）不同点　患猪瘟母猪除了表现繁殖障碍外，还有败血症表现。猪细小病毒病发病母猪无明显的临床症状。

2.与非洲猪瘟的鉴别

（1）相似点　母猪繁殖障碍。

（2）不同点　非洲猪瘟死亡率极高，且病猪有败血症表现。猪细小病毒病发病母猪无明显的临床症状。

3.与猪繁殖与呼吸综合征的鉴别

相关内容见"第一章 猪病毒病的类症鉴别"中"四、猪繁殖与呼吸综合征"。

4.与猪圆环病毒2型感染的鉴别

相关内容见"第一章 猪病毒病的类症鉴别"中"五、猪圆环病毒2型感染"。

5.与猪流行性感冒的鉴别

（1）相似点　母猪繁殖障碍。

（2）不同点　PPV只感染猪。猪流行性感冒病毒除感染猪外，还可感染人类；除引起母猪繁殖障碍外，主要引起呼吸道症状和病变。RT-PCR扩增猪流行性感冒病毒（SIV）*HA*基因呈阳性，或实时定量PCR方法鉴别检测确定为SIV阳性。

6.与猪流行性乙型脑炎的鉴别

（1）相似点　母猪繁殖障碍。

（2）不同点　PPV只感染猪。猪流行性乙型脑炎是一种人畜共患传染病，多发生在蚊虫孳生多的夏秋季；蚊子是传播媒介也是贮存宿主；神经症状明显。RT-PCR扩增日本乙型脑炎病毒（JEV）膜（E）蛋白基因呈阳性，或实时定量PCR方法鉴别检测确定为JEV

阳性。

7.与脑心肌炎的鉴别

（1）相似点　母猪繁殖障碍。

（2）不同点　PPV只感染猪。脑心肌炎是一种以脑炎和心肌炎为特征的人畜共患传染病。RT-PCR扩增脑心肌炎病毒 *VP1* 或 *3D* 基因呈阳性，或实时定量PCR方法鉴别检测确定为EMCV阳性。

8.与布鲁氏菌病的鉴别

（1）相似点　母猪繁殖障碍。

（2）不同点　PPV只感染猪。布鲁氏菌病是一种人畜共患传染病；除引发母猪的流产、早产外，还可见皮下脓肿、结节性脓肿（淋巴结、肝脏、脾脏、乳腺和肾脏）、化脓性关节炎、腱鞘炎。用敏感抗生素治疗有效。病料、细菌分离培养物经镜检见革兰氏阴性小球杆菌；进一步经PCR方法或实时定量PCR检测呈布鲁氏菌阳性；被检血清呈虎红平板凝集反应阳性。

9.与弓形虫病的鉴别

（1）相似点　母猪繁殖障碍。

（2）不同点　PPV只感染猪。弓形虫病是一种人畜共患原虫病；猫是弓形虫的终末宿主；表现为肺水肿。早期用磺胺嘧啶等药物治疗效果良好。病料可检出滋养体与包囊；弓形虫病间接血凝试验（IHA）检测被检血清呈阳性；巢式PCR、半巢式PCR或实时定量PCR方法检测弓形虫的 *B1* 基因呈阳性。

（七）防制方法

1.预防措施

① 做好生物安全工作，防止带毒猪进入猪场。引种时应加强检疫，当血凝抑制试验抗体效价在1∶256以下或阴性时，方可准许引进。引进猪应隔离饲养2周后，再进行一次HI抗体测定，证实是阴性者，方可与本场猪混饲。

② 主动免疫。对4～6月龄的公猪和母猪人工免疫接种两次猪细小病毒灭活疫苗，每次2～5毫升。仔猪的母源抗体可持续14～24周，在血凝抑制试验抗体效价≥1∶80时可抵抗PPV感染。因此，在断奶时将仔猪从污染猪群移到没有该病污染的地区饲养，可以培育出血清阴性猪群。

③ 净化猪群。一旦发病，应将发病母猪、仔猪隔离或彻底淘汰。所有猪场环境、用具应严格消毒，并用血清学方法对全群猪进行检查，对阳性猪要坚决淘汰，以防疫情进一步发展。

2.治疗方法

该病尚无有效的治疗方法。

八、猪痘

猪痘（SWP）是一种急性、热性、接触性、病毒性传染病，特征是皮肤和黏膜上形成痘疹。

（一）病原

猪痘病毒（SWPV）为大型双股DNA病毒，是引起猪群发生猪痘的病原，具有高度宿主特异性，仅可使猪发病，只能在猪源组织细胞内增殖。痘苗病毒（VV）也能导致类似的症状，但VV能感染猪、牛等多种动物，能在牛、绵羊胚胎细胞内和鸡胚绒毛尿囊膜上增殖。两种病毒无交叉免疫性。痘苗病毒的感染主要是通过人群感染天花或接种天花疫苗而传播给当地动物，自从消灭了天花以及后来猪被痘苗病毒的感染中断和痘苗免疫停止后，由VV引起猪类似的皮肤痘斑很少。

（二）流行病学

该病多发生于4～6周龄的仔猪及断奶仔猪。病猪和带毒猪是传染源，通过损伤的皮肤和吸血昆虫传播。该病多见于春秋两季，在猪舍潮湿卫生条件差、阴雨寒冷天气易发，与虱子、蚊、蝇等叮咬传染有关。

（三）临床特征

潜伏期一般为2～6天。病猪体温升高，食欲不振，头、颈部、腰背部、胸腹部和四肢内侧等处皮肤形成痘疹（图1-100）。典型病灶开始为深红色的硬结节，突出于皮肤表面，一般见不到水疱阶段即转为脓疱。病灶为中间凹陷，局部贫血呈黄色，很快结痂呈黄色痂皮，痂皮脱落后形成小白斑并痊愈，病程多为10～15天，多为良性经过，死亡率不高。若继发其他疾病时，或在口腔、咽喉、气管等黏膜部位发生痘疹时，常因败血症致猪死亡。

（四）病理变化

猪痘的眼观病变与临床所见基本相同，但死于痘疹的猪常伴发感染，全身布满痘疹或

图1-100　皮肤痘疹（陈立功供图）

形成毛囊炎性疖疹和痈肿。此外，口腔、气管等黏膜均可形成痘疹。

（五）实验室诊断

根据流行病学、临床症状和病理变化可做初步诊断，确诊需要进行实验室检测。目前对猪痘病毒的诊断技术主要有组织病理学方法、病毒的分离培养、电子显微镜观察和分子生物学方法等。

（六）类似病症鉴别

该病应与其他表现黏膜或皮肤炎症的疾病进行鉴别诊断。如应与口蹄疫、猪A型塞内卡病毒感染、水疱性口炎、猪水疱病、猪水疱疹、猪圆环病毒2型感染、湿疹、猪丹毒、坏死杆菌病、猪冠尾线虫病及疥螨病等进行区分。

1. 与口蹄疫的鉴别

相关内容见"第一章 猪病毒病的类症鉴别"中"三、口蹄疫"。

2. 与猪A型塞内卡病毒（SVV）感染的鉴别

（1）相似点　发热；口腔和皮肤水疱、痘疹。

（2）不同点　猪痘病原为SWPV，是DNA病毒。SVV是一种泛嗜性病毒，在感染早期可造成多系统性疾病，病变还包括肾脏点状出血、间质性肺炎。竞争ELISA（cELISA）检测SVV抗体呈阳性。RT-PCR扩增SVV基因组特定区段（*VP3/VP1，3D/3′*非编码区）呈阳性，或实时定量PCR方法鉴别检测确定为SVV阳性。

3. 与水疱性口炎的鉴别

（1）相似点　发热；口腔和皮肤水疱、痘疹。

（2）不同点　猪痘病原为SWPV，是DNA病毒，具有高度宿主特异性，仅可使猪发病。水疱性口炎病原为VSV，是RNA病毒，猪、牛、马、蝙蝠、鹿、猴子和人均较易感。RT-PCR扩增VSV的核衣壳蛋白（N）、磷蛋白（P）、大聚合酶蛋白（L）、基质蛋白（M）和糖蛋白（G）呈阳性，或实时定量PCR方法鉴别检测确定为VSV阳性。

4. 与猪水疱病的鉴别

（1）相似点　发热；口腔和皮肤水疱、痘疹。

（2）不同点　猪痘病原为SWPV，是DNA病毒。猪水疱病病原是SVDV，是RNA病毒。RT-PCR扩增SVDV基因组结构蛋白（VP1、VP2、VP3和VP4）呈阳性，或实时定量PCR方法鉴别检测确定为SVDV阳性。

5. 与猪水疱疹的鉴别

（1）相似点　发热；口腔和皮肤水疱、痘疹。

（2）不同点　猪痘病原为SWPV，是DNA病毒。猪水疱疹病原是猪水疱疹病毒（VESV），是RNA病毒。RT-PCR扩增VESV基因组特定区段（*ORF1、ORF2、ORF3、VP1、VP2*基因）呈阳性，或实时定量PCR方法鉴别检测确定为VESV阳性。

6.与猪圆环病毒2型感染的鉴别

（1）相似点　发热；皮炎。

（2）不同点　猪痘无脾脏和肾脏病变。PCV 2和PCV 3均可致猪皮炎-肾病综合征（PDNS），PDNS病猪有肾脏病变，PMWS（断奶仔猪多系统衰竭综合征）病猪脾脏边缘有沙粒大小丘样突起。

7.与湿疹的鉴别

（1）相似点　皮肤上出现痘疹。

（2）不同点　猪痘具有传染性。湿疹无传染性，与潮湿的气候与环境有密切关系。

8.与猪丹毒的鉴别

（1）相似点　均可通过吸血昆虫传播；均有皮炎。

（2）不同点　猪丹毒最急性病例脾切面白髓周围出现"红晕"；急性病例脾脏肿大，樱桃红色，多无梗死；亚急性病例皮肤上出现方形、菱形或圆形疹块，皮肤红斑为充血或淤血；慢性病例见关节炎和心内膜炎。病原学检查可发现革兰氏阳性、长丝状杆菌；病料或分离纯化细菌经PCR等分子生物学方法检测呈猪丹毒杆菌阳性。用青霉素等敏感抗菌药物治疗有效。

9.与坏死杆菌病的鉴别

（1）相似点　均有皮炎。

（2）不同点　坏死杆菌病是由坏死梭杆菌感染引起的多种哺乳动物和禽类的一种慢性传染病。病料或分离纯化细菌经PCR等分子生物学方法检测呈坏死杆菌阳性。用敏感抗菌药物治疗有效。

10.与猪冠尾线虫病的鉴别

（1）相似点　皮炎（丘疹和红色小结节）。

（2）不同点　猪冠尾线虫病是由有齿冠尾线虫的成虫寄生于猪的肾盂、肾周围脂肪和输尿管壁处而引起。5月龄以上的猪，可在尿沉渣中检查到虫卵；5月龄以下的仔猪，只能在剖检时，在肝、肺、脾等处发现虫体。

11.与疥螨病的鉴别

（1）相似点　皮炎。

（2）不同点　疥螨病是由猪疥螨寄生在猪的表皮内引起的一种接触性感染的慢性皮肤寄生虫病。刮取患部与健部交界处皮屑，滴加少量的甘油和水等量混合液或液状石蜡，放在载玻片上，用低倍镜检查，可发现活螨。

（七）防制方法

1.预防措施

该病目前尚无疫苗预防，因此需加强平时的饲养管理，保持猪场良好的环境卫生，搞好灭虱、灭蝇、灭蚊工作。新引进的猪隔离观察1～2周，以防带入猪痘病毒。严禁从疫区引进种猪，一旦发病，应立即隔离和治疗病猪。猪皮肤上的结痂等污物，要集中一起堆积发酵处理，污染的场所要严格消毒。

2.治疗方法

对病猪无有效的药物治疗，为了防止继发感染，可用敏感抗生素。局部病变可用0.1%高锰酸钾洗涤，擦干后抹紫药水，或涂抹碘甘油。

九、猪流行性感冒

猪流行性感冒（SI）是由猪流行性感冒病毒（SIV）所引起猪的一种急性、高度接触性、传染性呼吸道疾病，以突然发生、迅速传播为特征。

（一）病原

猪流行性感冒病毒呈多形性，囊膜上有血凝素（HA）和神经氨酸酶（NA）。病毒主要存在于病猪和带毒猪的呼吸道鼻液、气管和支气管的分泌物、肺脏和胸腔淋巴结中；有多种血清型，其中常见的是H1N1亚型和H3N2亚型。

（二）流行病学

该病传播极为迅速。不同年龄、性别和品种的猪对猪流行性感冒病毒均有易感性。康复猪和隐性感染猪，可长时间带毒，是猪流行性感冒病毒的重要宿主，是发生猪流行性感冒的传染源。猪流行性感冒呈流行性发生，在常发生该病的猪场可呈散发性，在天气骤变的晚秋、早春以及寒冷的冬季多发。一般发病率高，病死率很低。寒冷、潮湿、拥挤、贼风侵袭、营养不良和内外寄生虫侵袭等因素均可降低猪体抵抗力，促使该病发生和流行。如继发巴氏杆菌、肺炎链球菌等感染，则使病情加重。

视频1-14

病猪扎堆、腹式呼吸

（三）临床特征

病猪体温突然升到40～41.5℃，精神不振，食欲减退，结膜潮红、呈树枝状充血，咳嗽，腹式呼吸，呼吸困难，鼻镜干燥，眼、鼻流黏液性分泌物（图1-101），粪便干硬。随病情发展，病猪精神沉郁，蜷腹吊腰，低头呆立，喜横卧圈内。整个猪群迅速被感染，病猪多聚在一起，扎堆伏卧（图1-102、视频1-14），呼吸急促，咳嗽之声接连不断。病程一般为5～7天，如无其他疾病并发，多数病例常突然恢复健康；如有继发感染，病情加重，可导致死亡。猪流行性感冒死亡病猪在疾病的末期常见痉挛性惊厥。此外，该病也可引起妊娠母猪流产。

（四）病理变化

剖检可见鼻、喉、咽和气管黏膜充血、肿胀，表面覆有黏液（图1-103）。胸腔积水（图1-104）。肺间质增宽（图1-105），肺病变区膨胀不全，周围有灰白色的气肿和出血点，切面有泡沫样液体流出（图1-106）。颈部和纵隔淋巴结充血、水肿。脾轻度肿大。

图1-101　病猪鼻流黏液（张春立供图）

图1-102　病猪扎堆（赵茂华供图）

图1-103　喉头充血、气管腔内充有泡沫样液体
（陈立功供图）

图1-104 胸腔积液（陈立功供图）

图1-105 肺脏间质增宽
（陈立功供图）

图1-106 肺脏切面有泡沫样液体流
出（陈立功供图）

（五）实验室诊断

根据流行病学特点、典型症状和剖检病变，可初步诊断。进一步确诊需进行病毒分离鉴定、血清学检测、分子生物学诊断等实验室检测。血凝抑制试验可以确定猪流行性感冒病毒的亚型；RT-PCR方法可以检测病料中的猪流行性感冒病毒。

（六）类似病症鉴别

该病应与其他表现呼吸道症状、繁殖障碍和神经症状的疾病进行鉴别诊断。如应与猪繁殖与呼吸综合征、猪圆环病毒2型感染、伪狂犬病、猪细小病毒病、猪流行性乙型脑炎、猪呼吸道冠状病毒病、脑心肌炎、猪血凝性脑脊髓炎、仔猪先天性震颤、狂犬病、布鲁氏菌病、破伤风、猪巴氏杆菌病、猪链球菌病、猪传染性胸膜肺炎、副猪嗜血杆菌病、猪支原体肺炎（猪气喘病）、李氏杆菌病、弓形虫病、猪克伦特罗中毒等进行区分。

1.与猪繁殖与呼吸综合征的鉴别

相关内容见"第一章 猪病毒病的类症鉴别"中"四、猪繁殖与呼吸综合征"。

2.与猪圆环病毒2型感染的鉴别

相关内容见"第一章 猪病毒病的类症鉴别"中"五、猪圆环病毒2型感染"。

3.与伪狂犬病的鉴别

（1）相似点　发热；呼吸道症状；神经症状；母猪流产。

（2）不同点　① 猪流行性感冒病原为SIV，是RNA病毒；猪流行性感冒的神经症状表现为痉挛性惊厥，常见于疾病的末期、死亡之前。② 伪狂犬病病原为PRV，是DNA病毒；伪狂犬病仔猪肝脏、脾脏、扁桃体坏死；病料接种于健康家兔使其表现奇痒症状、死亡；病料经PCR和实时定量PCR检测呈PRV阳性。

4.与猪细小病毒病的鉴别

相关内容见"第一章 猪病毒病的类症鉴别"中"七、猪细小病毒病"。

5.与猪流行性乙型脑炎的鉴别

（1）相似点　发热；神经症状；母猪流产。

（2）不同点　猪流行性乙型脑炎对公猪、母猪危害较大；多发生在蚊虫较多的夏秋季；蚊子是传播媒介也是贮存宿主；公畜睾丸炎多为一侧性。RT-PCR扩增日本乙型脑炎病毒（JEV）膜（E）蛋白基因呈阳性，或实时定量PCR方法鉴别检测确定为JEV阳性。

6.与猪呼吸道冠状病毒病的鉴别

（1）相似点　呼吸道症状。

（2）不同点　猪呼吸道冠状病毒病主要侵害2～3周龄仔猪，感染率很高，但发病率和病死率非常低，单纯的呼吸道冠状病毒感染只表现短期咳嗽，并无其他症状。RT-PCR扩增猪呼吸道冠状病毒（PRCV）*ORF3b*基因呈阳性，或实时定量PCR方法鉴别检测确定为PRCV阳性。

7.与脑心肌炎的鉴别

（1）相似点　发热；呼吸道症状；神经症状；母猪流产。

（2）不同点　脑心肌炎以脑炎和心肌炎为特征；啮齿类动物是该病的贮存宿主。RT-PCR扩增脑心肌炎病毒（EMCV）*VP1*或*3D*基因呈阳性，或实时定量PCR方法鉴别检测确定为EMCV阳性。

8.与猪血凝性脑脊髓炎的鉴别

（1）相似点 神经症状。

（2）不同点 猪血凝性脑脊髓炎病毒（PHEV）主要感染1～4周龄仔猪。脑脊髓炎型病猪常有磨牙症状、失明、眼球震颤，眼观病变不明显；呕吐消耗型表现多为呕吐或生长缓慢。病料经RT-PCR检测呈PHEV结构蛋白（S、M、N）基因阳性，或实时定量PCR方法鉴别检测确定为PHEV阳性。

9.与仔猪先天性震颤的鉴别

（1）相似点 均有神经症状。

（2）不同点 仔猪先天性震颤多发生于哺乳仔猪。病料经RT-PCR检测仔猪先天性震颤瘟病毒（APPV）*NS5B*基因呈阳性。

10.与狂犬病的鉴别

（1）相似点 神经症状。

（2）不同点 狂犬病是由狂犬病病毒感染引起的一种致死性人畜共患传染病，感染脑组织经RT-PCR检测狂犬病病毒呈阳性。狂犬病典型症状为恐水，可用狂犬病疫苗预防。

11.与布鲁氏菌病的鉴别

（1）相似点 母猪流产。

（2）不同点 布鲁氏菌病除引发母猪的流产、早产外，还可见皮下脓肿、结节性脓肿（淋巴结、肝脏、脾脏、乳腺和肾脏）、化脓性关节炎、腱鞘炎及公猪的睾丸炎。用敏感抗生素治疗有效。病料或细菌分离培养物经镜检见革兰氏阴性小球杆菌；进一步经PCR方法或实时定量PCR检测呈布鲁氏菌阳性；被检血清呈虎红平板凝集反应阳性。

12.与破伤风的鉴别

（1）相似点 肌肉痉挛。

（2）不同点 破伤风病猪肌肉强直、神志清醒、对外界刺激的反射兴奋性增高、体温正常并多有创伤史。其病原为破伤风梭菌，是一种大型、革兰氏阳性、能形成芽孢的专性厌氧菌。

13.与猪巴氏杆菌病的鉴别

（1）相似点 发热；呼吸道症状。

（2）不同点 猪巴氏杆菌病最急性病例咽喉部水肿；急性病例见纤维素性胸膜肺炎；慢性病例肺脏肝变，胸膜及心包有纤维素性絮状物附着，有时伴有关节炎。病原学检查可发现革兰氏阴性、两极浓染细菌；病料或分离纯化细菌经PCR等分子生物学方法检测呈巴氏杆菌阳性。用敏感抗菌药物治疗有效。

14.与猪链球菌病的鉴别

（1）相似点 发热；呼吸道症状；神经症状。

（2）不同点 猪链球菌病病猪剖检可见纤维素性心包炎，关节周围组织有多发性化脓灶和淋巴结化脓灶。病料分离纯化细菌为革兰氏阳性链状、球菌，进一步经PCR方法检测呈猪链球菌 16S rRNA 基因阳性。

15. 与猪传染性胸膜肺炎的鉴别

（1）相似点　发热；呼吸道症状。

（2）不同点　猪传染性胸膜肺炎病猪剖检见纤维素性肺炎、纤维素性心包炎。用敏感抗生素治疗有效。病料和细菌分离培养物经镜检见革兰氏阴性两极染色的球杆菌；进一步经PCR方法检测呈胸膜肺炎放线杆菌（APP）血清1～14型的表面抗原蛋白D15和16S rRNA 基因阳性。

16. 与副猪嗜血杆菌病的鉴别

（1）相似点　发热；呼吸道症状。

（2）不同点　副猪嗜血杆菌病剖检病变以肺浆膜、心包以及腹腔浆膜和四肢关节浆膜的纤维素性炎为特征。病料和细菌分离培养物经镜检见革兰氏阴性杆菌，具有多形性；进一步经PCR方法检测呈副猪嗜血杆菌 16S rRNA 基因阳性。

17. 与猪支原体肺炎（猪气喘病）的鉴别

（1）相似点　呼吸道症状。

（2）不同点　猪支原体肺炎为慢性呼吸道病；慢性病例连续咳嗽多发生于早晨活动和喂食过程中；常见心叶和尖叶对称性的肉样或虾样实变；病原体为猪肺炎支原体。用多西环素、长效土霉素等敏感抗菌药治疗有效。病料经PCR方法检测呈猪肺炎支原体膜蛋白基因阳性。

18. 与李氏杆菌病的鉴别

（1）相似点　发热；神经症状。

（2）不同点　李氏杆菌病是一种人畜共患传染病。病料或分离纯化细菌为"V"字形排列的革兰氏阳性细小杆菌，PCR检测李氏杆菌 16S rRNA 基因呈阳性。用敏感抗生素治疗有良好效果。

19. 与弓形虫病的鉴别

（1）相似点　发热；呼吸道症状；母猪流产。

（2）不同点　弓形虫病是一种人畜共患原虫病，猫是弓形虫的终末宿主。早期用磺胺嘧啶等药物治疗效果良好。病料可检出滋养体与包囊；弓形虫病间接血凝试验（IHA）检测被检血清呈阳性；巢式PCR、半巢式PCR或实时定量PCR方法检测弓形虫的 *B1* 基因呈阳性。

20. 与猪克伦特罗中毒鉴别

（1）相似点　肌肉震颤、抽搐；剖检均可见肺脏间质增宽。

（2）不同点　流行性感冒病猪有发热现象，RT-PCR方法可以检测病料中的猪流行性感冒病毒。克伦特罗中毒病猪体温正常，有克伦特罗类药物用药史；采集病肉或内脏等样品进行高效液相色谱法、气相色谱-质谱法等实验室检测克伦特罗类药物阳性即可确诊。

（七）防制方法

1.预防措施

① 该病主要依靠综合措施进行控制，严格的猪群引种控制管理，同时还需实施严格的生物安全措施。

② A型流感病毒存在种间传播，因此，应防止猪与其他动物，尤其是与家禽的接触。

③ 平时应注意良好的饲养管理和卫生防疫工作。

④ 在阴雨潮湿、秋冬气温发生骤然变冷时，应注意猪舍保温。保持猪舍清洁、干燥，避免受凉和过分拥挤，减少应激，将有助于减少损失。

2.治疗方法

① 一旦发病，病猪应立即隔离、加强护理，给予抗生素治疗，防止继发感染。

② 对病猪用过的猪舍、食槽等应进行严格消毒。

十、猪传染性胃肠炎

猪传染性胃肠炎（TGE）是由猪传染性胃肠炎病毒（TGEV）引起的一种高度接触性胃肠道传染病，以腹泻、呕吐和脱水为特征。

（一）病原

TGEV为冠状病毒科α冠状病毒属成员。病毒粒子形态多呈球形、椭圆形，有囊膜，是单股正链RNA病毒。

（二）流行病学

该病只感染猪，各种年龄的猪均易感，10日龄以内的乳猪发病率、死亡率最高，主要发生在秋冬和早春季节，发病急、传播快。病猪和带毒猪是传染源，粪便、乳汁和鼻液带毒，经消化道和呼吸道侵害易感猪。

（三）临床特征

1.哺乳猪

7～10日龄以内哺乳仔猪呕吐、剧烈水样腹泻（图1-107），精神沉郁，消瘦，发病后2～7天死亡。耐过仔猪生长发育受阻，甚至成为僵猪。

2.育肥猪

育肥猪发病率接近100%，突然发生粥样或水样腹泻，食欲不振，运动无力。病情轻的猪拥挤在一起；病情较重猪散在，肌肉颤抖。病程约7天，腹泻停止而康复，很少死亡，但增重迟缓。

3.成年猪

成年猪感染后常不发病。部分猪表现轻度水样腹泻或一时的软便，对体重无明显影响。

图1-107　仔猪腹泻（王小波供图）

4.母猪

妊娠母猪症状不明显。哺乳母猪发热，泌乳停止，呕吐，食欲不振，严重腹泻。

（四）病理变化

特征病变是轻重不一的卡他性胃肠炎。剖检见病死仔猪明显脱水（图1-108）；胃肠膨满，胃内充满未消化的凝乳块（图1-109），胃底黏膜轻度充血、出血（图1-110）；小肠充血，肠管扩张，肠内充满泡沫状黄色液体（图1-111），肠壁变薄发亮，呈透明或半透明状态（图1-112）。镜检可见空肠绒毛缩短，肠黏膜上皮细胞呈扁平或立方形，并伴发空泡变性或坏死（图1-113）。

图1-108　仔猪明显眼窝下陷，明显脱水（王小波供图）

图1-109 胃内充满凝乳块（王小波供图）

图1-110 胃底黏膜出血、溃疡（王小波供图）

图1-111 小肠内充满泡沫状黄色液体（王小波供图）

图1-112　肠壁变薄，几乎透明
（王小波供图）

图1-113　镜检肠变化（HE，
400×）（王小波供图）

（五）实验室诊断

根据流行病学特点、典型症状和剖检变化，可初步诊断。确诊需进行TGEV的分离与鉴定、血清学检测（免疫荧光法检测小肠TGEV抗原）及RT-PCR检测等实验室诊断。

（六）类似病症鉴别

该病应与其他表现腹泻症状的疾病进行鉴别诊断。如应与猪流行性腹泻、猪轮状病毒病、猪德尔塔冠状病毒病、仔猪黄痢、仔猪白痢、仔猪副伤寒、仔猪红痢（猪梭菌性肠炎）、猪痢疾（猪血痢）、猪增生性肠炎、猪毛首线虫病、猪球虫病及猪食道口线虫病等进行区分。

1.与猪流行性腹泻的鉴别

（1）相似点　病原均属于α冠状病毒；仔猪呕吐、腹泻、脱水。

（2）不同点　TGEV常用睾丸细胞（ST）和猪肾细胞（PK-15）培养；猪流行性腹泻

病毒（PEDV）可以在Vero细胞上生长。选择TGEV的核蛋白基因作为检测对象，病猪病料检测到TGEV，而PEDV为阴性，通过基因测序确诊为TGEV。

2.与猪轮状病毒病的鉴别

（1）相似点　仔猪呕吐、腹泻、脱水。

（2）不同点　猪轮状病毒（PRoV）增殖的主要部位是小肠成熟绒毛吸收上皮细胞的胞浆，绒毛的上1/3感染细胞较多，最适合用于PRoV分离的是恒河猴胎肾传代细胞系（MA-104）。TGEV有双层囊膜包裹；猪轮状病毒粒子没有囊膜结构。猪轮状病毒为呼肠孤病毒科轮状病毒属成员，可用针对*PRoV-VP6*基因的RT-PCR检测方法进行PRoV检测。

3.与猪德尔塔冠状病毒病的鉴别

（1）相似点　仔猪呕吐、腹泻、脱水。

（2）不同点　选择TGEV的膜蛋白基因作为检测对象，病猪病料检测到TGEV，而猪德尔塔冠状病毒（PDCoV）为阴性，通过基因测序可进一步确诊为TGEV。

4.与仔猪黄痢的鉴别

（1）相似点　仔猪腹泻、脱水。

（2）不同点　仔猪黄痢多发于7日龄之内，患病仔猪少有呕吐，排黄色糊状或半透明的黄色液体。病料和细菌分离培养物经镜检见革兰氏阴性杆菌；进一步经PCR方法检测呈猪大肠杆菌16S rRNA基因阳性和产肠毒素大肠杆菌（ETEC）阳性。

5.与仔猪白痢的鉴别

（1）相似点　仔猪腹泻、脱水。

（2）不同点　仔猪白痢多发于10～30日龄仔猪，无呕吐，排白色稀便。用敏感抗生素治疗效果较好。病料和细菌分离培养物经镜检见革兰氏阴性杆菌；进一步经PCR方法检测呈猪大肠杆菌16S rRNA基因阳性。

6.与仔猪副伤寒的鉴别

（1）相似点　仔猪腹泻、脱水。

（2）不同点　仔猪副伤寒多见于断奶前后的仔猪。仔猪副伤寒病猪剖检和镜检均见肝脏副伤寒结节；慢性病例大肠黏膜有糠麸样坏死物。用敏感抗生素治疗效果较好。病料和细菌分离培养物经镜检见革兰氏阴性杆菌；进一步经PCR方法检测呈沙门菌属16S rRNA基因阳性和沙门菌属特异性*invA*基因阳性。

7.与仔猪红痢（仔猪梭菌性肠炎）的鉴别

（1）相似点　仔猪腹泻、脱水。

（2）不同点　仔猪红痢的病原主要是C型产气荚膜梭菌，或为A型、B型产气荚膜梭菌，主要引发1～3日龄仔猪的出血性下痢。取肠内容进行革兰氏染色、镜检或毒素检查可确诊。

8.与猪痢疾（猪血病）的鉴别

（1）相似点　病猪腹泻、脱水。

（2）不同点　猪痢疾的病原为猪痢疾蛇形螺旋体，主要引发 1～4 月龄猪的出血性下痢。取新鲜粪便（带血丝的黏液），经吉姆萨染色镜检，可观察到猪痢疾蛇形螺旋体。

9. 与猪增生性肠炎的鉴别

（1）相似点　病猪腹泻。

（2）不同点　猪增生性肠炎是由胞内劳森氏菌引起猪的一种慢性肠道传染病。病料或分离纯化细菌经 PCR 等分子生物学方法检测呈猪胞内劳森氏菌阳性。用敏感抗菌药物治疗有效。

10. 与猪毛首线虫病的鉴别

（1）相似点　病猪腹泻。

（2）不同点　猪毛首线虫病是由猪毛首线虫寄生在猪大肠内引起的。生前诊断可用漂浮法检查虫卵；剖检时发现大量虫体也可确诊。

11. 与猪球虫病的鉴别

（1）相似点　病猪腹泻、脱水、消瘦。

（2）不同点　猪球虫病是由猪球虫寄生于猪肠道上皮细胞内引起，以仔猪肠黏膜出血和腹泻为特征。从待检猪的空肠与回肠检查出大量内生发育阶段的虫体（裂殖子、裂殖体和配子体）可确诊。用抗生素治疗无效。

12. 与猪食道口线虫病的鉴别

（1）相似点　病猪腹泻、消瘦。

（2）不同点　猪食道口线虫病是由多种食道口线虫寄生在猪的结肠和盲肠而引起的一种线虫病。尸体剖检在大肠肠壁发现结节病灶，肠腔内检出虫体即可确诊。

（七）防制方法

1. 预防措施

① 重视生物安全体系建设。

② 加强饲养管理，对猪舍进行严格消毒，保持适当的饲养密度，确保猪舍干燥、通风。应用弱毒疫苗或灭活疫苗接种怀孕母猪可使其产生较高的抗体水平，不仅对母猪产生保护力，且其母源抗体对哺乳仔猪保护力也较高。

2. 治疗方法

该病无特异性疗法。病猪应立即隔离，并对猪舍、用具等进行彻底消毒。适当补充葡萄糖氯化钠溶液，供给清洁饮水和易消化的饲料，可使较大的病猪加速恢复。

十一、猪流行性腹泻

猪流行性腹泻（PED）是由猪流行性腹泻病毒（PEDV）引起的一种以水样腹泻、呕吐和脱水为特征的消化道传染病。

（一）病原

猪流行性腹泻病毒属于冠状病毒科冠状病毒属，主要存在于小肠上皮细胞及粪便中。目前，所有分离的 PEDV 毒株均属于同一个血清型。

（二）流行病学

该病仅发生于猪，各种年龄的猪都能感染发病。哺乳仔猪、架子猪或育肥猪的发病率很高，尤以哺乳仔猪受害最为严重，母猪发病率变动很大，为 15%～90%。该病多发生于寒冷季节，主要通过消化道感染。如果一个猪场陆续有不少窝仔猪出生或断奶，病毒会不断感染失去母源抗体的断奶仔猪，使该病呈地方流行性，在这种猪场，猪流行性腹泻可造成 5～8 周龄仔猪的断奶期顽固性腹泻。

（三）临床特征

病猪临床表现与猪传染性胃肠炎十分相似。病初，病猪体温正常或稍升高，精神沉郁，食欲减退，排灰黄色或灰色水样便（图1-114）。呕吐多发生于哺乳和吃食后。日龄越小，症状越重。腹泻后 3～4 天，1 周龄内仔猪严重脱水而死亡（图1-115、视频1-15～视频1-17），死亡率可达 50% 以上。断奶仔猪、母猪常呈现精神委顿、厌食和持续腹泻 4～7 天，逐渐恢复正常。少数猪恢复后生长发育不良。育肥猪死亡率 1%～3%。成年猪症状较轻，有的仅表现呕吐，重者水样腹泻 3～4 天可自愈。

视频1-15

仔猪因腹泻表现为
脱水、消瘦

视频1-16

初生仔猪严重腹泻、
奄奄一息或死亡

视频1-17

仔猪大量死亡

图1-114 病猪腹泻，尾和后肢被严重污染（陈立功供图）

图1-115　腹泻仔猪死亡
（陈立功供图）

（四）病理变化

尸体消瘦、脱水、皮下干燥，常见卡他性胃肠炎，胃黏膜淤血（图1-116），肠管扩张、内充满黄色液体或大量稀薄液体（图1-117、图1-118），肠系膜充血，肠系膜淋巴结水肿。

（五）实验室诊断

根据流行病学特点、临床症状和剖检变化，可做出初步诊断。确诊该病还需进行实验室诊断，如间接免疫荧光检测、免疫组织化学技术、RT-PCR检测（图1-119）等。

图1-116　胃黏膜严重淤血
（陈立功供图）

图1-117　小肠内含大量黄色浆液
（陈立功供图）

图1-118　腹泻仔猪小肠内充有大量
稀薄液体（陈立功供图）

图1-119　猪流行性腹泻病毒
RT-PCR检测结果
（陈立功供图）

（六）类似病症鉴别

该病应与其他表现腹泻症状的疾病进行鉴别诊断。如应与猪传染性胃肠炎、猪轮状病毒病、猪德尔塔冠状病毒病、仔猪黄痢、仔猪白痢、仔猪副伤寒、仔猪梭菌性肠炎（仔猪红痢）、猪痢疾（猪血痢）、猪增生性肠炎、猪毛首线虫病、猪球虫病及猪食道口线虫病等进行区分。

1. 与猪传染性胃肠炎的鉴别

相关内容见"第一章 猪病毒病的类症鉴别"中"十、猪传染性胃肠炎"。

2. 与猪轮状病毒病的鉴别

（1）相似点　仔猪呕吐、腹泻、脱水。

（2）不同点　猪轮状病毒病多发于 2 ~ 6 周龄仔猪，发病率高，死亡率低，症状与病理变化较轻。猪轮状病毒增殖的主要部位是小肠成熟绒毛吸收上皮细胞的胞浆，绒毛的上 1/3 感染细胞较多，最适合用于 PRoV 分离的是恒河猴胎肾传代细胞系（MA-104）。猪轮状病毒为呼肠孤病毒科轮状病毒属成员，可用针对 *PRoV-VP6* 基因的 RT-PCR 检测方法进行 PRoV 检测。

3. 与猪德尔塔冠状病毒病的鉴别

（1）相似点　仔猪呕吐、腹泻、脱水。

（2）不同点　选择 PEDV 的膜蛋白基因作为检测对象，病猪病料检测到 PEDV 阳性，而猪德尔塔冠状病毒（PDCoV）为阴性，通过基因测序确诊为 PEDV。

4. 与仔猪黄痢的鉴别

（1）相似点　仔猪腹泻、脱水。

（2）不同点　仔猪黄痢多发于 7 日龄之内，患病仔猪少有呕吐，排黄色糊状或半透明的黄色液体。病料和细菌分离培养物经镜检见革兰氏阴性杆菌；进一步经 PCR 方法检测呈猪大肠杆菌 16S rRNA 基因阳性和产肠毒素大肠杆菌（ETEC）阳性。

5. 与仔猪白痢的鉴别

（1）相似点　仔猪腹泻、脱水。

（2）不同点　仔猪白痢多发于 10 ~ 30 日龄仔猪，无呕吐，排白色稀便。用敏感抗生素治疗效果较好。病料和细菌分离培养物经镜检见革兰氏阴性杆菌；进一步经 PCR 方法检测呈猪大肠杆菌 16S rRNA 基因阳性。

6. 与仔猪副伤寒的鉴别

（1）相似点　仔猪腹泻、脱水。

（2）不同点　仔猪副伤寒多见于断奶前后的仔猪，剖检和镜检均见肝脏副伤寒结节，慢性病例大肠黏膜有糠麸样坏死物。用敏感抗生素治疗效果较好。病料和细菌分离培养物经镜检见革兰氏阴性杆菌；进一步经 PCR 方法检测呈沙门菌属 16S rRNA 基因阳性和沙门菌属特异性 *invA* 基因阳性。

7. 与仔猪梭菌性肠炎（仔猪红痢）的鉴别

（1）相似点　仔猪腹泻、脱水。

（2）不同点　仔猪梭菌性肠炎的病原主要是C型产气荚膜梭菌，或为A型、B型产气荚膜梭菌，主要引发1～3日龄仔猪的出血性下痢。取肠内容进行革兰氏染色、镜检或毒素检查可确诊。

8.与猪痢疾（猪血病）的鉴别

（1）相似点　病猪腹泻、脱水。

（2）不同点　猪痢疾的病原为猪痢疾蛇形螺旋体，主要引发1～4月龄猪的出血性下痢。取新鲜粪便（带血丝的黏液），经吉姆萨染色镜检，可观察到猪痢疾蛇形螺旋体。

9.与猪增生性肠炎的鉴别

（1）相似点　病猪腹泻。

（2）不同点　猪增生性肠炎是由胞内劳森氏菌引起猪的一种慢性肠道传染病。病料或分离纯化细菌经PCR等分子生物学方法检测呈猪胞内劳森氏菌阳性。用敏感抗菌药物治疗有效。

10.与猪毛首线虫病的鉴别

（1）相似点　病猪腹泻。

（2）不同点　猪毛首线虫病是由猪毛首线虫寄生在猪大肠内引起的。生前诊断可用漂浮法检查虫卵；剖检时发现大量虫体也可确诊。

11.与猪球虫病的鉴别

（1）相似点　腹泻。

（2）不同点　猪球虫病是由猪球虫寄生于猪肠道上皮细胞内引起，以仔猪肠黏膜出血和腹泻为特征。从待检猪的空肠与回肠检查出大量内生发育阶段的虫体（裂殖子、裂殖体和配子体）可确诊。用抗生素治疗无效。

12.与猪食道口线虫病的鉴别

（1）相似点　病猪腹泻、消瘦。

（2）不同点　猪食道口线虫病是由多种食道口线虫寄生在猪的结肠和盲肠而引起的一种线虫病。尸体剖检在大肠肠壁发现结节病灶，肠腔内检出虫体即可确诊。

（七）防制方法

1.预防措施

保证猪舍温度适宜是预防PED的关键措施。保温可以采用供给热风、煤炉取暖、仔猪用电热板、合适的红外线灯和地暖等。预防PED比较经济的方法是加强母猪群的免疫接种，疫苗包括灭活疫苗和弱毒疫苗。接种猪流行性腹泻和猪传染性胃肠炎二联灭活苗的妊娠母猪所产仔猪可通过初乳获得保护，在发病猪场断奶时免疫接种仔猪可降低这两种病的发病率。仔猪口服抗PEDV卵黄抗体也有一定的预防作用。不提倡使用返饲技术（用粪便或小肠内容物饲喂母猪）紧急预防该病，因为该方法可能导致人为散播其他病毒，长期污染产房。

2.治疗方法

该病应用抗生素治疗无效，可参考猪传染性胃肠炎的防制办法。

十二、猪轮状病毒病

猪轮状病毒病是由猪轮状病毒引起的一种急性肠道传染病，主要发生于仔猪，临床以厌食、呕吐、腹泻、脱水为特征。

（一）病原

猪轮状病毒属于呼肠孤病毒科轮状病毒属，可分为A、B、C、D、E、F 6个群，其中C群和E群主要感染猪，A群、B群病毒也可感染猪。

（二）流行病学

各种日龄猪均可发病，但发病猪多为2～6周龄，10～35日龄仔猪发病数量最多。发病率一般为50%～80%，死亡率为1%～10%。该病多发生在晚秋、冬季和早春，粪-口途径是主要的传播途径，但也能经呼吸道传播和垂直传播。

视频 1-18

腹泻仔猪排黄绿色稀粪

（三）临床特征

病猪精神沉郁、食欲不振和不愿活动。乳猪吃奶后呕吐，严重腹泻，粪便呈水样、半固体状、糊状或乳清样并含有絮状物。粪便呈黄色（图1-120）、黄绿色（视频1-18）、灰白色或黑色，一般持续4～8天，脱水严重时，体重可减轻30%。日龄越小，发病程度和死亡率越高。中猪和大猪多为隐性感染，不表现症状。

图1-120　病猪排黄色稀便

（陈立功供图）

（四）病理变化

剖检病变主要限于消化道。胃内充满凝乳块和乳汁。肠管非常薄、半透明，肠内容物为浆液性或水样，灰黄色或灰黑色，肠系膜淋巴结肿大、水肿。镜检常见空肠、回肠绒毛缩短，隐窝伸长。

（五）实验室诊断

根据流行病学特点、临床症状和剖检变化，可做出初步诊断，确诊该病还需进行实验室诊断，如取腹泻物进行电镜检查病毒粒子形态或用RT-PCR方法检测病毒抗原等。早期腹泻样品或小肠后段内容物可用于病毒分离鉴定。

（六）类似病症鉴别

该病应与其他腹泻症状的疾病进行鉴别诊断。如应与猪传染性胃肠炎、猪流行性腹泻、猪德尔塔冠状病毒病、仔猪黄痢、仔猪白痢、仔猪副伤寒、仔猪梭菌性肠炎（仔猪红痢）、猪痢疾（猪血痢）、猪增生性肠炎、猪毛首线虫病、猪球虫病及猪食道口线虫病等进行区分。

1.与猪传染性胃肠炎的鉴别

相关内容见"第一章 猪病毒病的类症鉴别"中"十、猪传染性胃肠炎"。

2.与猪流行性腹泻的鉴别

相关内容见"第一章 猪病毒病的类症鉴别"中"十一、猪流行性腹泻"。

3.与猪德尔塔冠状病毒病的鉴别

（1）相似点　仔猪呕吐、腹泻、脱水。

（2）不同点　选择针对*PRoV-VP6*基因的RT-PCR检测方法进行PRoV检测，猪病料检测到PRoV为阳性，而猪德尔塔冠状病毒（PDCoV）为阴性，通过基因测序确诊为PRoV。

4.与仔猪黄痢的鉴别

（1）相似点　仔猪腹泻、脱水。

（2）不同点　仔猪黄痢多发于7日龄之内，患病仔猪少有呕吐，排黄色糊状或半透明的黄色液体。病料和细菌分离培养物经镜检见革兰氏阴性杆菌；进一步经PCR方法检测呈猪大肠杆菌16S rRNA基因阳性和产肠毒素大肠杆菌（ETEC）阳性。

5.与仔猪白痢的鉴别

（1）相似点　仔猪腹泻、脱水。

（2）不同点　仔猪白痢多发于10～30日龄仔猪，无呕吐，排白色稀便。用敏感抗生素治疗效果较好。病料和细菌分离培养物经镜检见革兰氏阴性杆菌；进一步经PCR方法检测呈猪大肠杆菌16S rRNA基因阳性。

6.与仔猪副伤寒的鉴别

（1）相似点　仔猪腹泻、脱水。

（2）不同点　仔猪副伤寒多见于断奶前后的仔猪；剖检和镜检均见肝脏副伤寒结节；慢性病例大肠黏膜有糠麸样坏死物。用敏感抗生素治疗效果较好。病料和细菌分离培养物经镜检见革兰氏阴性杆菌；进一步经PCR方法检测呈沙门菌属16S rRNA基因阳性和沙门菌属特异性*invA*基因阳性。

7. 与仔猪梭菌性肠炎（仔猪红痢）的鉴别

（1）相似点　仔猪腹泻、脱水。

（2）不同点　仔猪梭菌性肠炎的病原主要是C型产气荚膜梭菌，或为A型、B型产气荚膜梭菌，主要引发1～3日龄仔猪的出血性下痢。取肠内容进行革兰氏染色、镜检或毒素检查可确诊。

8. 与猪痢疾（猪血痢）的鉴别

（1）相似点　病猪腹泻、脱水。

（2）不同点　猪痢疾的病原为猪痢疾蛇形螺旋体，主要引发1～4月龄猪的出血性下痢。取新鲜粪便（带血丝的黏液），经吉姆萨染色镜检，可观察到猪痢疾蛇形螺旋体。

9. 与猪增生性肠炎的鉴别

（1）相似点　病猪腹泻。

（2）不同点　猪增生性肠炎是由胞内劳森氏菌引起猪的一种慢性肠道传染病。病料或分离纯化细菌经PCR等分子生物学方法检测呈猪胞内劳森氏菌阳性。用敏感抗菌药物治疗有效。

10. 与猪毛首线虫病的鉴别

（1）相似点　病猪腹泻。

（2）不同点　猪毛首线虫病是由猪毛首线虫寄生在猪大肠内引起的。生前诊断可用漂浮法检查虫卵；剖检时发现大量虫体也可确诊。

11. 与猪球虫病的鉴别

（1）相似点　腹泻。

（2）不同点　猪球虫病是由猪球虫寄生于猪肠道上皮细胞内引起，以仔猪肠黏膜出血和腹泻为特征。从待检猪的空肠与回肠检查出大量内生发育阶段的虫体（裂殖子、裂殖体和配子体）可确诊。用抗生素治疗无效。

12. 与猪食道口线虫病的鉴别

（1）相似点　病猪腹泻、消瘦。

（2）不同点　猪食道口线虫病是由多种食道口线虫寄生在猪的结肠和盲肠而引起的一种线虫病。尸体剖检在大肠肠壁发现结节病灶，肠腔内检出虫体即可确诊。

（七）防制方法

1. 预防措施

平时对种用母猪或仔猪接种猪轮状病毒弱毒疫苗，同时加强生物安全措施，包括环境卫生与消毒等。免疫母猪所产的仔猪吃到初乳，产生被动免疫，或新生仔猪口服抗血清或卵黄抗体也能得到保护。

2.治疗方法

病猪应立即隔离，加强护理，清除粪便及其污染的垫草，消毒被污染的环境和用具。适当对症治疗，内服收敛剂，使用抗菌药物防止继发感染。

十三、猪流行性乙型脑炎

猪流行性乙型脑炎又称日本乙型脑炎，是由猪流行性乙型脑炎病毒引起的一种人畜共患传染病。该病需蚊子作为媒介方能传染。

（一）病原

猪流行性乙型脑炎病毒属于黄病毒科黄病毒属，共有5个基因型。我国共分离到三种JEV基因型（Ⅰ型、Ⅲ型和Ⅴ型），主要以Ⅰ型和Ⅲ型为主，Ⅴ型仅出现在西藏。猪流行性乙型脑炎病毒在感染猪的血液内存留时间很短，主要存在于中枢神经系统、脑脊髓液和肿胀的睾丸内。流行地区的吸血昆虫，特别是库蚊属和伊蚊属的昆虫体内常能分离出病毒。

（二）流行病学

各种日龄猪均可发病，其中对公猪、母猪危害较大。该病多发生在蚊虫孳生多的夏秋季。蚊子（图1-121）是传播媒介也是贮存宿主，终身带毒且可经卵传代。猪群的感染率高而发病率低。目前该病多为隐性感染和呈散发性。

（三）临床特征

病猪突然发病，体温升高至41℃左右，呈稽留热，喜卧，食欲下降，饮水增加，尿深黄色，粪便干结混有黏液膜。部分病猪出现神经症状，后肢轻度麻痹，或关节肿胀疼痛而

图1-121　传播媒介：蚊子
（陈立功供图）

呈现跛行。妊娠母猪患病后常发生流产，出现死胎或木乃伊胎。患病公猪常发生睾丸炎，多为一侧性，初期睾丸肿胀，触诊有热痛感，数日后炎症消退，睾丸渐渐缩小变硬，性欲减退，精液品质下降，失去配种能力。

（四）病理变化

特征性病理变化主要见于生殖器官。流产母猪子宫内膜充血、出血、水肿。流产胎儿有死胎、木乃伊胎，死胎大小不一、黑褐色，小的干缩而硬固，中等大的茶褐色、暗褐色。发育到正常大小的死胎，因脑水肿而头部肿大，皮下弥散性水肿，腹腔积液，脑、脊髓膜充血、出血，肝和脾脏见坏死灶。公猪见一侧或两侧睾丸肿胀，阴囊皱襞消失而发亮；慢性病例见睾丸萎缩、硬化和粘连等病变。

（五）实验室诊断

根据流行病学、特征性症状和病变可以做出初诊。必要时进行实验室检查才能确诊。

1.病毒的分离与鉴定

在该病流行初期，采取濒死期脑组织或发热期血液，立即进行鸡胚卵黄囊接种，或1～5日龄乳鼠脑内接种，可分离到病毒，但分离率不高。分离获得病毒后，可用标准毒株和标准免疫血清进行补体结合试验、中和试验、血凝抑制试验、酶联免疫吸附试验、小鼠交叉保护试验等鉴定病毒。

2.血清学诊断

血凝抑制试验、中和试验和补体结合试验是该病常用的实验室诊断方法。此外，荧光抗体法、酶联免疫吸附试验、反向间接血凝试验、免疫黏附血凝试验和免疫酶组化染色法等也可用于诊断。

（六）类似病症鉴别

该病应与其他表现繁殖障碍的疾病进行鉴别诊断。如应与猪瘟、非洲猪瘟、猪繁殖与呼吸综合征、伪狂犬病、猪细小病毒病、猪流行性感冒、脑心肌炎、仔猪先天性震颤、猪巨细胞病毒感染、狂犬病、仔猪水肿病、猪链球菌病（脑膜炎型）、李氏杆菌病、破伤风、布鲁氏菌病、弓形虫病、猪食盐中毒、猪中暑等进行区分。

1.与猪瘟的鉴别

相关内容见"第一章 猪病毒病的类症鉴别"中"一、猪瘟"。

2.与非洲猪瘟的鉴别

相关内容见"第一章 猪病毒病的类症鉴别"中"二、非洲猪瘟"。

3.与猪繁殖与呼吸综合征的鉴别

相关内容见"第一章 猪病毒病的类症鉴别"中"四、猪繁殖与呼吸综合征"。

4.与伪狂犬病的鉴别

相关内容见"第一章 猪病毒病的类症鉴别"中"六、伪狂犬病"。

5.与猪细小病毒病的鉴别

相关内容见"第一章 猪病毒病的类症鉴别"中"七、猪细小病毒病"。

6.与猪流行性感冒的鉴别

相关内容见"第一章 猪病毒病的类症鉴别"中"九、猪流行性感冒"。

7.与脑心肌炎的鉴别

（1）相似点　繁殖障碍；神经症状；腹腔积液。

（2）不同点　脑心肌炎病猪全身淤血；仔猪肺脏和胃大弯水肿；心肌弥散性灰白色病灶；公猪无睾丸炎。

8.与仔猪先天性震颤的鉴别

（1）相似点　神经症状。

（2）不同点　仔猪先天性震颤多发生于哺乳仔猪。病料经RT-PCR检测仔猪先天性震颤瘟病毒（APPV）*NS5B*基因呈阳性。

9.与猪巨细胞病毒感染的鉴别

（1）相似点　繁殖障碍。

（2）不同点　猪巨细胞病毒感染病猪频繁打喷嚏，咳嗽，鼻分泌物增多，流泪。

10.与狂犬病的鉴别

（1）相似点　神经症状。

（2）不同点　狂犬病是由狂犬病病毒感染引起。病料经RT-PCR检测狂犬病病毒膜蛋白基因呈阳性。狂犬病典型症状为恐水，可用狂犬病疫苗预防。

11.与仔猪水肿病的鉴别

（1）相似点　神经症状

（2）不同点　仔猪水肿病是由致病性大肠杆菌产生的毒素引起，多为断奶前后仔猪发病；常见头部水肿、胃壁和结肠系膜的水肿。

12.与猪链球菌病（脑膜炎型）的鉴别

（1）相似点　发热；神经症状。

（2）不同点　猪链球菌病除能引起猪的脑膜炎外，还可致猪关节炎、心内膜炎、中耳炎、支气管炎和中毒休克综合征等。链球菌病猪体温可高达40.5～42.5℃；部分病例心瓣膜上可见菜花样赘生物。病料分离纯化细菌为革兰氏阳性、球菌，PCR检测猪链球菌16S rRNA基因呈阳性。用敏感抗生素治疗有良好效果。

13.与李氏杆菌病的鉴别

（1）相似点　发热；神经症状；母猪繁殖障碍。

（2）不同点　患李氏杆菌病猪病料中细菌或分离纯化细菌为"V"字形排列的革兰氏阳性细小杆菌，PCR检测李氏杆菌16S rRNA基因呈阳性。用敏感抗生素治疗有良好效果。

14.与破伤风的鉴别

（1）相似点　神经症状。

（2）不同点　破伤风病猪病料中细菌或分离纯化细菌为革兰氏阳性杆菌，病料经PCR检测破伤风梭菌16S rRNA基因呈阳性。破伤风典型症状为肌肉强直，可用破伤风抗毒素预防。

15.与布鲁氏菌病的鉴别

（1）相似点　发热；母猪繁殖障碍；公猪睾丸炎。

（2）不同点　布鲁氏菌病除引发母猪的流产、早产外，还可见皮下脓肿、结节性脓肿（淋巴结、肝脏、脾脏、乳腺和肾脏）、化脓性关节炎、腱鞘炎及公猪的睾丸炎和附睾炎。用敏感抗生素治疗有效。病料或细菌分离培养物经镜检见革兰氏阴性小球杆菌；进一步经PCR方法或实时定量PCR检测呈布鲁氏菌阳性；被检血清呈虎红平板凝集反应阳性。

16.与弓形虫病的鉴别

（1）相似点　发热；神经症状；母猪繁殖障碍。

（2）不同点　猫是弓形虫的终末宿主；弓形虫病表现为肺水肿。早期用磺胺嘧啶等药物治疗效果良好。病料可检出滋养体与包囊；弓形虫病间接血凝试验（IHA）检测被检血清呈阳性；巢式PCR、半巢式PCR或实时定量PCR方法检测弓形虫的 $B1$ 基因呈阳性。

17.与猪食盐中毒的鉴别

（1）相似点　神经症状。

（2）不同点　食盐中毒病猪有吃过量食盐史，一般体温不高，无传染性。

18.与猪中暑的鉴别

（1）相似点　神经症状。

（2）不同点　猪中暑多发生于夏季，发病主要集中在中午至下午。其多因日光照射过于强烈且湿度较高；或猪受日光照射时间长；或猪圈狭小且不通风，饲养密度过大；或长途运输时运输车厢狭小，过分拥挤，通风不良等导致。

（七）防制方法

1.预防措施

预防措施主要从主群的免疫接种、消灭传播媒介等方面入手。

① 消灭蚊虫。这是防控该病流行的根本措施。因此要注意消灭蚊幼虫孳生地，疏通沟渠，填平洼地，排除积水。

② 免疫接种。应在蚊虫流行前1个月进行流行性乙型脑炎弱毒疫苗免疫注射。第1年以两周的间隔注射两次，以后每年注射1次。

③ 对病猪要隔离。猪圈及用具、被污染的场地要彻底消毒。死胎、胎盘和阴道分泌物都必须妥善处理。

2.治疗方法

该病无有效的治疗方法，一经确诊就要及时淘汰。

十四、脑心肌炎

脑心肌炎是由脑心肌炎病毒引起猪、某些哺乳动物、啮齿动物和灵长类动物的一种以脑炎和心肌炎为特征的人畜共患传染病。

（一）病原

脑心肌炎病毒属于微小RNA病毒科心病毒属，仅有1个血清型。病毒能长期存在于鼠类的肠道中，也能侵害人类的中枢神经系统。

（二）流行病学

啮齿类动物是该病的贮存宿主，带毒鼠通过粪便和尿液不断排出病毒。仔猪易感性强，5～20周龄猪可发生致死性感染。脑心肌炎病毒可导致母猪繁殖障碍。

（三）临床特征

病猪出现短暂（24小时内）的发热，体温达41～42℃。大部分病猪死前没有明显症状，急性发作的猪可见短暂的精神沉郁，拒食，震颤，步态蹒跚、四肢麻痹（图1-122），呼吸困难等症状，发生角弓反张后很快死亡。繁殖母猪多为亚临床感染，发热、食欲减退后出现流产，产死胎、木乃伊胎或产下弱仔。

图1-122 病猪呕吐、四肢麻痹
（陈立功供图）

（四）病理变化

病猪全身淤血，呈暗红色或红褐色，腹下部、四肢和股部内侧皮肤常见瘀斑或褐色结痂。剖检仔猪胃内有正常的凝乳块，胸腔和腹腔内有深黄色液体，肺脏和胃大弯水肿，肾皱缩，被膜有出血点。脾脏萎缩，仅为正常脾脏一半。肾门淋巴结、胃黏膜和膀胱充血，胸腺有小出血点。心肌弥散性灰白色，心肌柔软，右心扩张，心室肌可见许多散在的白色病灶，线状或圆形，或为界线不清的大片灰白色区，偶尔可见白垩样斑（图1-123）。

图1-123　心肌坏死，可见白垩样斑
（陈立功供图）

（五）实验室诊断

根据临床症状和病理变化，结合流行情况，对该病可以进行初步诊断。确诊需进行实验室检查。确诊需分离病毒，可用仓鼠肾（BHK）细胞或鼠胚成纤维细胞分离培养病毒，可使细胞迅速、完全崩解，最后用特异性免疫血清进行中和试验做出鉴定。

（六）类似病症鉴别

该病应与其他表现神经症状的疾病进行鉴别诊断。如应与猪瘟、非洲猪瘟、猪繁殖与呼吸综合征、猪圆环病毒2型感染、伪狂犬病、猪细小病毒病、猪流行性感冒、猪流行性乙型脑炎、仔猪先天性震颤、猪巨细胞病毒感染、猪呼吸道冠状病毒病、猪血凝性脑脊髓炎、仔猪水肿病、猪支原体肺炎（猪气喘病）、猪传染性胸膜肺炎、布鲁氏菌病、破伤风、猪链球菌病（脑膜炎型）、弓形虫病、猪食盐中毒、猪中暑、仔猪低血糖症、猪硒缺乏症等进行区分。

1.与猪瘟的鉴别

相关内容见"第一章 猪病毒病的类症鉴别"中"一、猪瘟"。

2.与非洲猪瘟的鉴别

相关内容见"第一章 猪病毒病的类症鉴别"中"二、非洲猪瘟"。

3.与猪繁殖与呼吸综合征的鉴别

相关内容见"第一章 猪病毒病的类症鉴别"中"四、猪繁殖与呼吸综合征"。

4.与猪圆环病毒2型感染的鉴别

相关内容见"第一章 猪病毒病的类症鉴别"中"五、猪圆环病毒2型感染"。

5.与伪狂犬病的鉴别

相关内容见"第一章 猪病毒病的类症鉴别"中"六、伪狂犬病"。

6.与猪细小病毒病的鉴别

相关内容见"第一章 猪病毒病的类症鉴别"中"七、猪细小病毒病"。

7.与猪流行性感冒的鉴别

相关内容见"第一章 猪病毒病的类症鉴别"中"九、猪流行性感冒"。

8.与猪流行性乙型脑炎的鉴别

相关内容见"第一章 猪病毒病的类症鉴别"中"十三、猪流行性乙型脑炎"。

9.与仔猪先天性震颤的鉴别

（1）相似点 神经症状。

（2）不同点 仔猪先天性震颤仅发生于新生仔猪，母猪在妊娠期间不见任何症状；严重发病仔猪不能吃奶，常因饥饿而死。常见的组织学变化是中枢神经系统有明显的髓鞘形成不全和髓鞘缺失，尤其是脊髓，在所有水平的横切面都显示白质和灰质减少。病料经RT-PCR检测呈仔猪先天性震颤瘟病毒（APPV）*NS5B*基因阳性。

10.与猪巨细胞病毒感染的鉴别

（1）相似点 繁殖障碍。

（2）不同点 猪巨细胞病毒感染病猪频繁打喷嚏，咳嗽，鼻分泌物增多，流泪。

11.与猪呼吸道冠状病毒病的鉴别

（1）相似点 呼吸道症状。

（2）不同点 猪呼吸道冠状病毒病感染率很高，但发病率和病死率非常低，单纯的呼吸道冠状病毒感染只表现短期咳嗽，并无其他症状。RT-PCR检测猪呼吸道冠状病毒（PRCV）*ORF3b*基因呈阳性，或实时定量PCR方法鉴别检测确定为PRCV阳性。

12.与猪血凝性脑脊髓炎的鉴别

（1）相似点 肌肉颤抖。

（2）不同点 猪血凝性脑脊髓炎病毒（PHEV）属于冠状病毒科β冠状病毒属。脑脊髓炎型病猪常有磨牙症状，失明，眼球震颤，眼观病变不明显。病料经RT-PCR检测呈PHEV结构蛋白（S、M、N）基因阳性，或实时定量PCR方法鉴别检测确定为PHEV阳性。

13.与仔猪水肿病的鉴别

（1）相似点 神经症状。

（2）不同点 仔猪水肿病是由致病性大肠杆菌产生的毒素引起，多为断奶前后仔猪发病；常见头部水肿、胃壁水肿和结肠系膜水肿。

14.与猪支原体肺炎（猪气喘病）的鉴别

（1）相似点 呼吸困难（咳嗽和气喘）。

（2）不同点 猪支原体肺炎由猪肺炎支原体引起。慢性病例连续咳嗽多发生于早晨活动和喂食过程中；常见心叶和尖叶对称性的肉样或虾样实变。用多西环素、长效土霉素等敏感抗菌药治疗有效。病料经 PCR 方法检测呈猪肺炎支原体膜蛋白基因阳性。

15.与猪传染性胸膜肺炎的鉴别

（1）相似点　发热；呼吸道症状；皮肤发绀；繁殖障碍。

（2）不同点　猪传染性胸膜肺炎以出血性纤维素性胸膜肺炎（急性）和纤维素性坏死性胸膜肺炎（慢性）为特征。病猪鼻孔流出血色样分泌物，纤维素性肺炎、纤维素性心包炎。用敏感抗生素治疗有效。病料或细菌分离培养物经镜检见革兰氏阴性两极染色的球杆菌；进一步经 PCR 方法检测呈胸膜肺炎放线杆菌（APP）血清 1 ～ 14 型的表面抗原蛋白 D15 和 16S rRNA 基因阳性。

16.与布鲁氏菌病的鉴别

（1）相似点　繁殖障碍。

（2）不同点　布鲁氏菌病除引发母猪的流产、早产外，还可见皮下脓肿、结节性脓肿（淋巴结、肝脏、脾脏、乳腺和肾脏）、化脓性关节炎、腱鞘炎及公猪的睾丸炎和附睾炎。用敏感抗生素治疗有效。病料或细菌分离培养物经镜检见革兰氏阴性小球杆菌；进一步经 PCR 方法或实时定量 PCR 检测呈布鲁氏菌阳性；被检血清呈虎红平板凝集反应阳性。

17.与破伤风的鉴别

（1）相似点　肌肉震颤。

（2）不同点　破伤风是由破伤风梭菌经伤口感染后产生外毒素引起的一种急性、中毒性传染病，各种动物均有易感性，体表可见较深的伤口。其通过实验室的细菌学、生物学或血清学检测进行确诊。

18.与猪链球菌病（脑膜炎型）的鉴别

（1）相似点　发热；神经症状。

（2）不同点　猪链球菌病是由致病性猪链球菌感染引起的一种人畜共患传染病，除能引起猪的脑膜炎外，还可致猪关节炎、心内膜炎、中耳炎、支气管炎和中毒休克综合征等。链球菌病猪体温可高达40.5 ～ 42.5℃；部分病例心瓣膜上可见菜花样赘生物。病料分离纯化细菌为革兰氏阳性、球菌，PCR 检测猪链球菌 16S rRNA 基因呈阳性。用敏感抗生素治疗有良好效果。

19.与弓形虫病的鉴别

（1）相似点　发热；神经症状；母猪繁殖障碍。

（2）不同点　猫是弓形虫的终末宿主，弓形虫病表现为肺水肿。早期用磺胺嘧啶等药物治疗效果良好。病料可检出滋养体与包囊；弓形虫病间接血凝试验（IHA）检测被检血清呈阳性；巢式 PCR、半巢式 PCR 或实时定量 PCR 方法检测弓形虫的 *B1* 基因呈阳性。

20.与猪食盐中毒的鉴别

（1）相似点　神经症状。

（2）不同点　食盐中毒病猪有吃过量食盐史，一般体温不高，无传染性。

21.与猪中暑的鉴别

（1）相似点　神经症状。

（2）不同点　猪中暑多发生于夏季，发病主要集中在中午至下午。其多因日光照射过于强烈且湿度较高；或猪受日光照射时间长；或猪圈狭小且不通风，饲养密度过大；或长途运输时运输车厢狭小，过分拥挤，通风不良等导致。

22.与仔猪低血糖症的鉴别

（1）相似点　神经症状。

（2）不同点　仔猪低血糖症的主要原因是仔猪出生后吮乳不足。根据母猪饲养管理不良、产后少乳或无乳，发病仔猪的临诊症状，尸体剖检变化及应用葡萄糖治疗的疗效能做出诊断。

23.与猪硒缺乏症的鉴别

（1）相似点　神经症状。

（2）不同点　猪硒缺乏症属于营养代谢性疾病，根据临诊基本症候群，结合病史、病理变化及亚硒酸钠治疗效果等，可做出初步诊断。确诊需采血液做硒定量测定和谷胱甘肽过氧化物酶活性测定。

（七）防制方法

1.预防措施

目前，该病尚无有效疫苗，主要靠综合性防制，应当注意防止野生动物，特别是啮齿类动物偷食被污染的饲料和水源。猪群发现可疑病猪时，应立即隔离消毒、诊断。病死动物要迅速做无害化处理，被污染的场地应以含氯消毒剂彻底消毒，防止人感染。耐过的猪要尽量避免骚扰，以防因心脏的后遗症而导致死亡。

2.治疗方法

该病目前尚无有效治疗药物。

十五、仔猪先天性震颤

仔猪先天性震颤是仔猪出生后不久，出现全身或局部肌肉阵发性震颤的一种疾病，又叫仔猪先天性肌阵挛，俗称"仔猪跳跳病"或"仔猪抖抖病"。

（一）病原

该病的病原体为仔猪先天性震颤瘟病毒（APPV）。APPV可垂直传播。猪是APPV的主要宿主，APPV根据基因型分为O1 ～ O4型、E1 ～ E6型、N1 ～ N6型。

（二）流行病学

该病仅发生于新生仔猪，母猪在妊娠期间不见任何症状。病毒主要经胎盘传播给仔猪。

该病呈散发性，无明显的传染性，一般只发生一窝，以后配种怀孕产仔猪都不发病。

（三）临床特征

母猪在产仔前后无明显临床表现。仔猪出生数小时、数天后，两侧骨骼肌群出现有节律性的震颤。轻者仅见头部、肋部和后肢微颤；重者挛缩猛烈，状似跳跃。病猪难以站立和行走（图1-124）。严重发病仔猪不能吃奶（图1-125），常因饥饿而死。部分仔猪震颤随时间延长渐渐变弱，至3～4周时消失。

图1-124　病猪难以站立和行走
（陈立功供图）

图1-125　发病仔猪不能吮乳
（赵茂华供图）

（四）病理变化

该病无明显的眼观病变。常见的组织学变化是中枢神经系统有明显的髓鞘形成不全和髓鞘缺失，尤其是脊髓，在所有水平的横切面都显示白质和灰质减少。

（五）实验室诊断

根据临床特征和病史可以做出初步诊断。必要时采集仔猪脑和脊髓进行病理组织学检查确诊。进一步确诊需进行免疫学、分子生物学、病理学等实验室检测。目前，快速检测多采用RT-PCR和实时定量PCR方法。

（六）类似病症鉴别

该病应与其他表现神经症状的疾病进行鉴别诊断。如应与猪瘟、猪繁殖与呼吸综合征、猪圆环病毒2型感染、伪狂犬病、猪流行性感冒、猪流行性乙型脑炎、狂犬病、猪链球菌病（脑膜炎型）、李氏杆菌病、破伤风、弓形虫病、猪食盐中毒、猪中暑、仔猪低血糖症、猪硒缺乏症等进行区分。

1.与猪瘟的鉴别

相关内容见"第一章 猪病毒病的类症鉴别"中"一、猪瘟"。

2.与猪繁殖与呼吸综合征的鉴别

相关内容见"第一章 猪病毒病的类症鉴别"中"四、猪繁殖与呼吸综合征"。

3.与猪圆环病毒2型感染的鉴别

相关内容见"第一章 猪病毒病的类症鉴别"中"五、猪圆环病毒2型感染"。

4.与伪狂犬病的鉴别

相关内容见"第一章 猪病毒病的类症鉴别"中"六、伪狂犬病"。

5.与猪流行性感冒的鉴别

相关内容见"第一章 猪病毒病的类症鉴别"中"九、猪流行性感冒"。

6.与猪流行性乙型脑炎的鉴别

相关内容见"第一章 猪病毒病的类症鉴别"中"十三、猪流行性乙型脑炎"。

7.与狂犬病的鉴别

（1）相似点　神经症状。

（2）不同点　狂犬病是一种致死性人畜共患传染病。病料经RT-PCR检测狂犬病病毒膜蛋白基因呈阳性。狂犬病典型症状为恐水，可用狂犬病疫苗预防。

8.与猪链球菌病（脑膜炎型）的鉴别

（1）相似点　发热；神经症状。

（2）不同点　猪链球菌病是由致病性猪链球菌感染引起的一种人畜共患传染病，除能引起猪的脑膜炎外，还可致猪关节炎、心内膜炎、中耳炎、支气管炎和中毒休克综合征等。链球菌病猪体温可高达40.5～42.5℃；部分病例心瓣膜上可见菜花样赘生物。病料分离纯化细菌为革兰氏阳性、球菌，PCR检测猪链球菌16S rRNA基因呈阳性。用敏感抗生素治疗有良好效果。

9.与李氏杆菌病的鉴别

（1）相似点　发热；神经症状。

（2）不同点　李氏杆菌病是一种人畜共患传染病。病料中细菌或分离纯化细菌为"V"字形排列的革兰氏阳性细小杆菌，PCR检测李氏杆菌16S rRNA基因呈阳性。用敏感抗生素治疗有良好效果。

10.与破伤风的鉴别

（1）相似点　肌肉震颤。

（2）不同点　破伤风是由破伤风梭菌经伤口感染后产生外毒素引起的一种人畜共患传染病。发病动物体表可见较深的伤口。病料中细菌或分离纯化细菌为革兰氏阳性，病料经PCR检测破伤风梭菌16S rRNA基因呈阳性。破伤风典型症状为肌肉强直，可用破伤风抗毒素预防。

11.与弓形虫病的鉴别

（1）相似点　发热；神经症状。

（2）不同点　猫是弓形虫的终末宿主，弓形虫病表现为肺水肿。早期用磺胺嘧啶等药物治疗效果良好。病料可检出滋养体与包囊；弓形虫病间接血凝试验（IHA）检测被检血清呈阳性；巢式PCR、半巢式PCR或实时定量PCR方法检测弓形虫的 *B1* 基因呈阳性。

12.与猪食盐中毒的鉴别

（1）相似点　神经症状。

（2）不同点　食盐中毒病猪有吃过量食盐史，一般体温不高，无传染性。

13.与猪中暑的鉴别

（1）相似点　神经症状。

（2）不同点　猪中暑多发生于夏季，发病主要集中在中午至下午。其多因日光照射过于强烈且湿度较高；或猪受日光照射时间长；或猪圈狭小且不通风，饲养密度过大；或长途运输时运输车厢狭小，过分拥挤，通风不良等导致。

14.与仔猪低血糖症的鉴别

（1）相似点　神经症状。

（2）不同点　仔猪低血糖症的主要原因是仔猪出生后吮乳不足。根据母猪饲养管理不良、产后少乳或无乳，发病仔猪的临诊症状，尸体剖检变化及应用葡萄糖治疗的疗效能做出诊断。

15.与猪硒缺乏症的鉴别

（1）相似点　神经症状。

（2）不同点　猪硒缺乏症属于营养代谢性疾病，根据临诊基本症候群，结合病史、病理变化及亚硒酸钠治疗效果等，可做出初步诊断。确诊需采血液做硒定量测定和谷胱甘肽过氧化物酶活性测定。

（七）防制方法

1.预防措施

该病无特异预防方法。妊娠母猪应避免暴露于病猪。加强对妊娠母猪的科学饲养与管理。产仔时保障环境的温度与湿度。为避免公猪通过配种将该病传给母猪，应注意查清公猪的来历。不从有仔猪先天性震颤的猪场引进种猪。

2.治疗方法

可通过对症治疗、保证仔猪吸吮足够的乳汁、减少刺激等措施，降低仔猪的死亡率。

十六、水疱性口炎

水疱性口炎是由水疱性口炎病毒引起的一种多种动物共患的急性、热性、高度接触性传染病，以患病动物的口腔黏膜（舌、唇、齿龈）、乳头和蹄冠、趾间皮肤发生水疱为特征。OIE将其列为须通报的动物疫病。

（一）病原

水疱性口炎病毒（VSV）属于弹状病毒科水疱病毒属；VSV呈子弹状或圆柱状，是一种有囊膜的单股RNA病毒。目前该病毒有14个基因型，不同基因型病毒之间存在抗原性差异。应用中和试验和补体结合试验，将水疱性口炎病毒分为2个血清型，其代表株分别为印第安纳株和新泽西株（含3个亚型），两者无交叉免疫性。

（二）流行病学

该病有明显的季节性，多见于夏季及秋初发生，秋末则趋于平息。幼龄猪比成年猪易感。病猪和患病的野生动物是主要传染源。病猪的水疱液、唾液中存在大量病毒，可通过损伤的皮肤、黏膜、污染的饲料和饮水经消化道发生感染，还可通过双翅目的昆虫（白蛉及伊蚊）叮咬而感染。

（三）临床特征

病猪体温升高1～2天后，在口腔、舌、鼻盘和蹄叉部出现特征性的水疱。病猪口流清涎，采食困难。病程较长时，舌面部的溃疡常有增生性变化。蹄部病变严重时，蹄冠部常见大面积溃疡，严重时，蹄壳脱落，露出鲜红出血面。一般情况下，水疱在短时间内破裂、糜烂，其周边残留的黏膜呈不规则形、灰白色。有的病例，病变还可累及四肢部的皮肤，在皮肤上形成水疱和溃疡。

（四）病理变化

病理变化如临诊上所见的口腔和蹄部的变化。

（五）实验室诊断

根据发病的季节性，发病率和病死率均很低，以及典型的水疱病变，一般可做出初步诊断。必要时可进行人工接种试验、病毒分离鉴定和血清学试验等进行确诊。

（六）类似病症鉴别

该病应与其他表现黏膜和皮肤出现水疱病变的疾病进行鉴别诊断。如应与口蹄疫、猪A型塞内卡病毒感染、猪水疱病、猪水疱疹、猪痘、坏死杆菌病、猪疥螨病及猪冠尾线虫病等进行区分。

1. 与口蹄疫的鉴别

相关内容见"第一章 猪病毒病的类症鉴别"中"三、口蹄疫"。

2. 与猪A型塞内卡病毒（SVV）感染的鉴别

（1）相似点 均以猪鼻镜、口腔黏膜出现水疱、蹄部冠状带溃烂为特征。

（2）不同点 VSV发病对象包括牛、马、猪等，具有明显的季节性，多见于夏季及秋初；而SVV感染发病对象仅为猪。SVV是一种泛嗜性病毒，在感染早期可造成多系统性疾病；病变还包括肾脏点状出血、间质性肺炎；而VSV内脏无病变。竞争ELISA（cELISA）检测SVV抗体呈阳性。RT-PCR检测SVV基因组特定区段（*VP3/VP1*，*3D/3'*非编码区）呈阳性，或实时定量PCR方法鉴别检测确定为SVV阳性。

3. 与猪水疱病的鉴别

（1）相似点 均以口腔黏膜、蹄部发生水疱为特征。

（2）不同点 VSV发病对象包括牛、马、猪等，具有明显的季节性，多见于夏季及秋初；而猪水疱病仅猪感染，牛、羊等家畜不发病，多见于冬春季节。RT-PCR检测猪水疱病病毒（SVDV）基因组结构蛋白（VP1、VP2、VP3和VP4）呈阳性，或实时定量PCR方法鉴别检测确定为SVDV阳性。

4. 与猪水疱疹的鉴别

（1）相似点 均以口腔黏膜、蹄部发生水疱为特征。

（2）不同点 VSV发病对象包括牛、马、猪等，具有明显的季节性，多见于夏季及秋初，而VESV感染发病对象仅为猪。RT-PCR扩增猪水疱疹病毒（VESV）基因组特定区段（*ORF1*、*ORF2*、*ORF3*、*VP1*、*VP2*基因）呈阳性，或实时定量PCR方法鉴别检测确定为VESV阳性。

5. 与猪痘的鉴别

相关内容见"第一章 猪病毒病的类症鉴别"中"八、猪痘"。

6. 与坏死杆菌病的鉴别

（1）相似点 均有皮炎。

（2）不同点 坏死杆菌病是由坏死梭杆菌感染引起的多种哺乳动物和禽类的一种慢性传染病。病料或分离纯化细菌经PCR等分子生物学方法检测呈猪坏死杆菌阳性。用敏感抗菌药物治疗有效。

7. 与猪疥螨病的鉴别

（1）相似点 均有皮炎。

（2）不同点 猪疥螨病是由疥螨寄生在猪的表皮内所引起的一种接触性感染的慢性皮肤寄生虫病。刮取患部与健部交界处皮屑，滴加少量的甘油和水等量混合液或液状石蜡，放在载玻片上，用低倍镜检查，可发现活螨。

8.与猪冠尾线虫病的鉴别

（1）相似点　皮炎（丘疹和红色小结节）。

（2）不同点　猪冠尾线虫病是由有齿冠尾线虫的成虫寄生于猪的肾盂、肾周围脂肪和输尿管壁处而引起。5月龄以上的猪，可在尿沉渣中检查到虫卵；5月龄以下的仔猪，只能在剖检时，在肝、肺、脾等处发现虫体。

（七）防制方法

1.预防措施

该病发生后，应封锁疫点，隔离病畜，对污染用具和场所进行严格消毒，以防疫情扩大。

2.治疗方法

该病目前尚无特异性治疗药物，一般采用局部的对症治疗。可用0.1%高锰酸钾溶液或1%硼酸溶液冲洗唇鼻部及口腔，黏膜破溃面涂碘甘油或消炎软膏。蹄部可用3%臭药水冲洗和涂抗生素软膏。应用抗生素防止继发感染。喂给病猪流质稀食，给予洁净饮水。同时，要加强对猪只的护理工作，保持猪舍地面清洁、干燥。

十七、猪水疱病

猪水疱病是由猪水疱病病毒引起的一种急性、热性、接触性传染病，临床上以口腔黏膜、蹄部、腹部和乳头皮肤发生水疱为特征。OIE将其列为须通报的动物疫病，我国政府将其列为一类动物传染病。

（一）病原

猪水疱病病毒（SVDV）属于微小RNA病毒科肠道病毒属，病毒粒子呈球形，基因组为单股正链RNA。SVDV无囊膜，无血凝性，对环境和消毒药有较强抵抗力，在污染的猪舍内可存活8周以上。

（二）流行病学

该病仅发生于猪。各种日龄、品种猪均发病。一年四季都可发生，但以冬春季节发生较多。在潮湿天气、饲养密度大、卫生条件差的环境更易发病。发病率可高达70%～80%，但死亡率低。病毒通过病猪的粪、尿、水疱液、奶排出体外。经损伤的皮肤、黏膜、消化道、呼吸道传染。

（三）临床特征

临床上一般将该病分为典型水疱病、温和型水疱病和亚临床型（隐性型）水疱病。

1.典型水疱病

其特征性的水疱常见于主趾和附趾的蹄冠上。部分猪体温升高至40～42℃，上皮苍白肿胀，在蹄冠和蹄踵的角质与皮肤结合处首先见到。在36～48小时，水疱明显凸出，大小似黄豆至蚕豆大不等，里面充满水疱液，继而水疱融合，很快发生破裂，形成溃疡，真皮暴露形成鲜红色。病变常环绕蹄冠皮肤处的蹄壳，导致蹄壳裂开，严重时蹄壳脱落。病猪疼痛剧烈，跛行明显，严重病例，由于继发细菌感染，局部化脓，导致病猪卧地不起或呈犬坐姿势。严重者用膝部爬行，食欲减退，精神沉郁。水疱有时也见于鼻盘、舌、唇和母猪的乳头上。仔猪多数病例在鼻盘上发生水疱。一般情况下，如无并发其他疾病，不易引起死亡，病猪康复较快，病愈后两周，创面可完全恢复，如果有蹄壳脱落，则需相当长的时间才能恢复。初生仔猪发生该病可引起死亡。有的病猪偶可出现中枢神经系统紊乱症状，表现为前冲、转圈、用鼻摩擦或用牙齿咬用具、眼球转动，个别出现强直性痉挛。

2. 温和型水疱病

只见少数猪出现水疱，疾病传播缓慢，症状轻微。

3. 亚临床型（隐性型）水疱病

病猪不表现任何临床特征，但能排出病毒。

（四）病理变化

该病的肉眼病变主要在蹄部，约有10%的病猪口腔、鼻端亦有病变，口腔水疱通常比蹄部出现晚。病理剖检通常内脏器官无明显病变，仅见局部淋巴结出血和偶见心内膜有条纹状出血。

（五）实验室诊断

根据只发生于猪，在口、鼻、蹄，有时在乳房（母猪）皮肤出现水疱及其破溃后的烂斑的特征性症状和基本没有眼观内脏病变可以做出初诊。必要时采水疱皮、水疱液或痊愈猪血清，送检后进行病毒分离或做血清学试验确诊。

（六）类似病症鉴别

该病应与其他表现黏膜和皮肤出现水疱病变的疾病进行鉴别诊断。如应与口蹄疫、猪痘、水疱性口炎、猪A型塞内卡病毒感染、猪水疱疹、坏死杆菌病、猪冠尾线虫病及猪疥螨病等进行区分。

1. 与口蹄疫的鉴别

相关内容见"第一章 猪病毒病的类症鉴别"中"三、口蹄疫"。

2. 与猪痘的鉴别

相关内容见"第一章 猪病毒病的类症鉴别"中"八、猪痘"。

3. 与水疱性口炎的鉴别

相关内容见"第一章 猪病毒病的类症鉴别"中"十六、水疱性口炎"。

4. 与猪A型塞内卡病毒（SVV）感染的鉴别

（1）相似点　病猪发热。猪鼻镜、口腔黏膜出现水疱及蹄部冠状带溃烂，发病对象均为猪。

（2）不同点　SVV是一种泛嗜性病毒，在感染早期可造成多系统性疾病，病变还包括肾脏点状出血、间质性肺炎；而SVDV通常内脏器官无明显病变，仅见局部淋巴结出血和偶见心内膜有条纹状出血。竞争ELISA（cELISA）检测SVV抗体呈阳性；RT-PCR扩增SVV基因组特定区段（*VP3/VP1*，*3D/3'*非编码区）呈阳性，或实时定量PCR方法鉴别检测确定为SVV阳性。

5.与猪水疱疹的鉴别

（1）相似点　发热，均可在鼻部、口腔黏膜、蹄部、乳头皮肤发生水疱，发病对象均为猪，具有高度传染性，且死亡率低。

（2）不同点　只根据临床检查不易区分，需结合实验室诊断方法进行区分。RT-PCR扩增猪水疱疹病毒（VESV）基因组特定区段（*ORF1*、*ORF2*、*ORF3*、*VP1*、*VP2*基因）呈阳性，或实时定量PCR方法鉴别检测确定为VESV阳性。

6.与坏死杆菌病的鉴别

（1）相似点　皮肤病。

（2）不同点　坏死杆菌病是由坏死梭杆菌感染引起的多种哺乳动物和禽类的一种慢性传染病。病料或分离纯化细菌经PCR等分子生物学方法检测呈猪坏死杆菌阳性。用敏感抗菌药物治疗有效。

7.与猪冠尾线虫病的鉴别

（1）相似点　皮炎。

（2）不同点　猪冠尾线虫病是由有齿冠尾线虫的成虫寄生于猪的肾盂、肾周围脂肪和输尿管壁处而引起。5月龄以上的猪，可在尿沉渣中检查到虫卵；5月龄以下的仔猪，只能在剖检时，在肝、肺、脾等处发现虫体。

8.与猪疥螨病的鉴别

（1）相似点　均有皮炎。

（2）不同点　猪疥螨病是由疥螨寄生在猪的表皮内所引起的一种接触性感染的慢性皮肤寄生虫病。刮取患部与健部交界处皮屑，滴加少量的甘油和水等量混合液或液状石蜡，放在载玻片上，用低倍镜检查，可发现活螨。

（七）防制方法

1.预防措施

控制该病的重要措施是防止将该病毒带到非疫区。不从疫区调入猪只和猪肉产品。运猪和饲料的交通工具应彻底消毒。屠宰的下脚料和泔水等要经煮沸后方可喂猪，猪舍内应保持清洁、干燥，平时加强饲养管理，减少应激，加强猪只的抵抗力。

（1）加强检疫、隔离、封锁制度　检疫时应做到两看（看食欲和看跛行）、三查（查蹄、查口、查体温）。隔离应至少7天未发现该病，方可并入或调出，发现病猪就地处理，对其同群猪同时注射高免血清，并上报、封锁疫区。封锁期限一般以最后一头病猪恢复后

14天才能解除，解除前应彻底消毒一次。

（2）免疫预防　猪水疱病疫苗包括弱毒疫苗和灭活疫苗，在该病的流行区可进行预防接种。受威胁区和疫区定期预防接种能产生良好效果。对发病猪，可采用猪水疱病高免血清预防接种，剂量为每千克体重0.1～0.3毫升。

0.5%的次氯酸钠等消毒药均有良好消毒效果。畜舍消毒还可用高锰酸钾、去垢剂的混合液。

2.治疗方法

一旦发生该病，应立即向主管部门上报，按"早、快、严、小"的原则进行隔离与封锁。病猪及屠宰猪肉等应严格实行无害化处理。

十八、猪巨细胞病毒感染

猪巨细胞病毒感染又称猪包涵体鼻炎，是猪的一种以鼻甲黏膜、黏液腺、泪腺、唾液腺等组织受侵害为特征的病毒性传染病。

（一）病原

猪巨细胞病毒（PCMV）又称为猪疱疹病毒Ⅱ型，可在3～5周龄乳猪的肺巨噬细胞中生长，导致出现巨细胞（感染细胞可比正常细胞大6倍左右）。

（二）流行病学

宿主仅限于猪，特别是1～3周龄仔猪最易经鼻感染。该病常在2～5周龄仔猪并群时暴发流行，对未获得母源抗体仔猪，常呈致命性全身感染。病毒主要存在于鼻、眼分泌物，尿、睾丸及子宫颈液中，主要经呼吸道传播，而妊娠母猪可传播给胎儿。

（三）临床特征

暴发时主要症状为食欲减退，精神沉郁，不断地打喷嚏，咳嗽，鼻分泌物增多，流泪，甚至形成泪斑。一窝中仔猪发病率为25%，死亡率一般不超20%。未发病猪增重缓慢，并有可能持续排毒。

怀孕母猪有病毒血症时常表现精神委顿和食欲不振。母猪分娩时可产下死胎或新生猪生后不久即死亡，存者表现为发育迟缓、苍白、贫血、下颌部及四肢关节水肿。

（四）病理变化

胎儿和新生仔猪的剖检可见鼻黏膜淤血、水肿，呈暗红色，并有广泛的点状出血和大量小灶状坏死。肺间质水肿，尖叶和心叶有肺炎病灶，局部呈紫色实变。心包和胸膜积水。肾肿胀、出血。颌下、耳下淋巴结肿胀、点状出血。喉和跗关节的周围皮下明显水肿。仔猪和胎儿的全身感染可见广泛性出血和水肿。怀孕母猪感染后无特定的肉眼病变，表现繁殖障碍的特征，即死产、产木乃伊胎、胚胎死亡和不育。

（五）实验室诊断

根据流行病学、临床特征和病变特征，即在鼻黏膜组织切片或涂片中的巨细胞内看到嗜碱性核内包涵体，即可做出初步诊断。确诊需要进行病毒学试验。

（六）类似病症鉴别

该病应与其他表现呼吸道症状和繁殖障碍的疾病进行鉴别诊断。如应与猪瘟、猪繁殖与呼吸综合征、猪圆环病毒2型感染、伪狂犬病、猪细小病毒病、猪流行性感冒、猪流行性乙型脑炎、猪呼吸道冠状病毒病、布鲁氏菌病、猪链球菌病、猪传染性胸膜肺炎、副猪嗜血杆菌病、猪传染性萎缩性鼻炎、弓形虫病及猪支原体肺炎（猪气喘病）等进行区分。

1. 与猪瘟的鉴别

相关内容见"第一章 猪病毒病的类症鉴别"中"一、猪瘟"。

2. 与猪繁殖与呼吸综合征的鉴别

相关内容见"第一章 猪病毒病的类症鉴别"中"四、猪繁殖与呼吸综合征"。

3. 与猪圆环病毒2型感染的鉴别

相关内容见"第一章 猪病毒病的类症鉴别"中"五、猪圆环病毒2型感染"。

4. 与伪狂犬病的鉴别

相关内容见"第一章 猪病毒病的类症鉴别"中"六、伪狂犬病"。

5. 与猪细小病毒病的鉴别

相关内容见"第一章 猪病毒病的类症鉴别"中"七、猪细小病毒病"。

6. 与猪流行性感冒的鉴别

相关内容见"第一章 猪病毒病的类症鉴别"中"九、猪流行性感冒"。

7. 与猪流行性乙型脑炎的鉴别

相关内容见"第一章 猪病毒病的类症鉴别"中"十三、猪流行性乙型脑炎"。

8. 与猪呼吸道冠状病毒病的鉴别

（1）相似点　呼吸道症状。

（2）不同点　猪呼吸道冠状病毒病主要侵害2～3周龄仔猪，感染率很高，但发病率和病死率非常低，单纯的呼吸道冠状病毒感染只表现短期咳嗽，并无其他症状。RT-PCR扩增猪呼吸道冠状病毒（PRCV）*ORF3b*基因呈阳性，或实时定量PCR方法鉴别检测确定为PRCV阳性。

9. 与布鲁氏菌病的鉴别

（1）相似点　母猪繁殖障碍。

（2）不同点　PCMV只感染猪；而布鲁氏菌病是一种人畜共患传染病，除引发母猪的流产、早产外，还可见皮下脓肿、结节性脓肿（淋巴结、肝脏、脾脏、乳腺和肾脏）、化脓性关节炎、腱鞘炎及公猪的睾丸炎和附睾炎。用敏感抗生素治疗有效。病料、细菌分离培养物经镜检见革兰氏阴性小球杆菌；进一步经PCR方法或实时定量PCR检测呈布鲁氏菌阳性；被检血清呈虎红平板凝集反应阳性。

10.与猪链球菌病的鉴别

（1）相似点　呼吸困难；母畜繁殖障碍。

（2）不同点　PCMV只感染猪；猪链球菌病是由致病性猪链球菌感染引起的一种人畜共患传染病。链球菌病猪体温可高达40.5～42.5℃；部分病例心瓣膜上可见菜花样赘生物。病料分离纯化细菌为革兰氏阳性、球菌，PCR检测猪链球菌16S rRNA基因呈阳性。用敏感抗生素治疗有良好效果。

11.与猪传染性胸膜肺炎的鉴别

（1）相似点　临床表现均出现食欲不振、咳嗽、繁殖障碍等症状。

（2）不同点　猪传染性胸膜肺炎以出血性纤维素性胸膜肺炎（急性）和纤维素性坏死性胸膜肺炎（慢性）为特征。病猪鼻孔流出血色样分泌物，纤维素性肺炎、纤维素性心包炎。用敏感抗生素治疗有效。病料或细菌分离培养物经镜检见革兰氏阴性两极染色的球杆菌；进一步经PCR方法检测呈胸膜肺炎放线杆菌（APP）血清1～14型的表面抗原蛋白D15和16S rRNA基因阳性。

12.与副猪嗜血杆菌病的鉴别

（1）相似点　临床表现均出现咳嗽等呼吸系统症状。

（2）不同点　副猪嗜血杆菌病剖检病变以肺浆膜、心包以及腹腔浆膜和四肢关节浆膜的纤维素性炎症为特征。病料和细菌分离培养物经镜检见革兰氏阴性杆菌，具有多形性；进一步经PCR方法检测呈副猪嗜血杆菌16S rRNA基因阳性。

13.与猪传染性萎缩性鼻炎的鉴别

（1）相似点　临床表现均出现打喷嚏等呼吸系统症状。

（2）不同点　猪传染性萎缩性鼻炎导致病猪时常流泪，形成"泪斑"；鼻甲骨一侧萎缩，甚至鼻和面部变形。

14.与弓形虫病的鉴别

（1）相似点　呼吸困难；母畜繁殖障碍。

（2）不同点　PCMV只感染猪，弓形虫病是一种人畜共患原虫病；猫是弓形虫的终末宿主；表现为肺水肿。早期用磺胺嘧啶等药物治疗效果良好。病料可检出滋养体与包囊；弓形虫病间接血凝试验（IHA）检测被检血清呈阳性；巢式PCR、半巢式PCR或实时定量PCR等检测弓形虫的*B1*基因呈阳性。

15.与猪支原体肺炎（猪气喘病）的鉴别

（1）相似点　呼吸困难（咳嗽和气喘）。

（2）不同点　猪支原体肺炎为慢性呼吸道病。慢性病例连续咳嗽多发生于早晨活动和喂食过程中；常见心叶和尖叶对称性的肉样或虾样实变；病原体为猪肺炎支原体。用多西环素、长效土霉素等敏感抗菌药治疗有效。病料经PCR方法检测呈猪肺炎支原体膜蛋白基因阳性。

（七）防制方法

1.预防措施

在良好的饲养管理条件下，该病对猪群影响不会很大。但当引入新猪群时，因为在循环抗体存在的条件下激发的潜伏感染，或在易感猪群中引起的原发性感染，对猪场有很大威胁。要建立无猪巨细胞病毒病猪群可采用剖腹产，然而病毒可通过胎盘感染，所以要加强仔猪的抗体监测。建立阴性猪群，一般至少70天时仍为阴性才算安全。

2.治疗方法

目前，该病尚无特效疗法。暴发后，可用抗菌药物防制继发的细菌感染。

第二章　猪细菌病的类症鉴别

一、猪炭疽

炭疽是由炭疽杆菌引起的各种家畜、野生动物和人类共患的急性败血性传染病。其在临床上表现为败血症症状；剖检变化为血液凝固不良，脾脏显著肿大，皮下及浆膜下有出血性胶样浸润。猪多散发，呈亚急性或慢性经过。

（一）病原

炭疽杆菌为芽孢杆菌属细菌，革兰氏阳性竹节状（图2-1）。濒死动物血液中有大量菌体存在，体内菌体不形成芽孢，体外暴露于空气后可形成芽孢。菌体对外界理化因素抵抗力不强，但芽孢的抵抗力特别强大。

图2-1　炭疽杆菌（革兰氏染色，1000×）（陈立功供图）

（二）流行病学

其多发生于炎热的夏季，在雨水多、洪水泛滥、吸血昆虫多时更为常见，现多为散发。猪易感性较牛、羊低。主要传染源是病畜，其排泄物、分泌物及尸体中的病原体一旦形成芽孢，污染土壤、水源等而使之成为长久的疫源地，一般难以根除。该病主要经消化道感染，猪因食入含有大量细菌或活芽孢的饲料、饮水而发病。

（三）临床特征

猪炭疽有下列类型：咽型、肠型、败血型和隐性型。

咽型病猪表现颈部水肿和呼吸困难，体温可升高达41.7℃，但不稽留。多数猪在水肿出现后24小时内死亡。肠型的可见急性消化紊乱，表现呕吐、停食及血痢，随后可能死亡，症状较轻者常自愈。败血型极少见，病猪体温高达42℃，可视黏膜和皮肤出现大片蓝紫色斑，1～2天死亡；最急性型可能不出现任何症状就死亡。隐性型生前无症状，多见于屠宰场的宰后检验。

（四）病理变化

咽型炭疽：急性病例可见咽喉和颈部肿胀，皮下呈出血性胶样浸润，头颈部淋巴结，尤其是颌下淋巴结急剧肿大，切面严重充血、出血呈樱桃红色，中央有稍凹陷的黑色坏死灶。扁桃体充血、出血或坏死。慢性病例常在宰后检验时发现，颌下淋巴结肿大、变硬，切面干燥有砖红色或灰黄色坏死灶。

肠型炭疽：小肠多见局灶性出血性坏死性肠炎。肠系膜淋巴结肿大。腹腔有红色浆液，脾脏质软、肿大。肝脏充血，或有出血性坏死灶。肾脏充血，皮质有小出血点。

败血型炭疽：尸体迅速腐败，鼻孔、肛门等处流出暗红色、凝固不良的血液。脾脏严重肿大、变黑。

隐性型炭疽：颌下淋巴结常见不同程度的肿大，切面呈砖红色，散在有细小、灰黄色坏死灶，周围组织有黄红色胶样浸润。

（五）实验室诊断

临床诊断时，对死因不明或临床上出现高热、病情发展急剧、死后天然孔出血的病猪，应首先怀疑为炭疽。在排除炭疽前不得剖检死亡动物，防止炭疽杆菌遇空气后形成芽孢，此时应采集发病猪的血液进行实验室检查。

（六）类似病症鉴别

该病要与猪丹毒、猪巴氏杆菌病（急性猪肺疫）、仔猪副伤寒、猪链球菌病、猪传染性胸膜肺炎、猪传染性萎缩性鼻炎、猪增生性肠炎、猪痢疾、猪毛首线虫病等相鉴别。

1.与猪丹毒的鉴别

（1）相似点　高热；皮肤疹块。

（2）不同点　炭疽病例外周血镜检见革兰氏阳性、竹节状大杆菌。猪丹毒病料经病原学检查可发现革兰氏阳性、长丝状杆菌。病料或分离纯化细菌经PCR等分子生物学方法检测呈猪丹毒杆菌阳性。

2.与猪巴氏杆菌病（急性猪肺疫）的鉴别

（1）相似点　高热；咽喉和颈部肿胀。

（2）不同点　炭疽病例外周血镜检见革兰氏阳性、竹节状大杆菌。急性型猪肺疫病例见纤维素性胸膜肺炎；病原学检查可发现革兰氏阴性、两极浓染细菌，病料或分离纯化细菌经PCR等分子生物学方法检测呈巴氏杆菌阳性。

3.与仔猪副伤寒的鉴别

（1）相似点　皮肤见斑点。

（2）不同点　副伤寒仔猪肝脏被膜下见灰黄色副伤寒结节；慢性病例大肠黏膜见糠麸样坏死物。病原学检查可发现革兰氏染色阴性菌；病料或分离纯化细菌经PCR等分子生物学方法检测呈沙门菌阳性。

4.与猪链球菌病的鉴别

（1）相似点　高热。

（2）不同点　链球菌病猪病料分离纯化细菌为革兰氏阳性、球菌，PCR检测呈猪链球菌16S rRNA基因阳性。

5.与猪传染性胸膜肺炎的鉴别

（1）相似点　高热；皮肤发绀；口鼻流出血样分泌物。

（2）不同点　猪传染性胸膜肺炎猪病料或细菌分离培养物经镜检见革兰氏阴性两极染色的球杆菌；进一步经PCR方法检测呈胸膜肺炎放线杆菌（APP）血清1～14型的表面抗原蛋白D15和16S rRNA基因阳性。

6.与猪传染性萎缩性鼻炎的鉴别

（1）相似点　鼻流出血样分泌物。

（2）不同点　猪传染性萎缩性鼻炎以猪鼻甲骨萎缩，鼻部变形及生长迟滞为主要特征。猪传染性萎缩性鼻炎猪病料或细菌分离培养物经镜检见革兰氏阴性球杆菌或小杆菌。

7.与猪增生性肠炎的鉴别

（1）相似点　病猪排血便。

（2）不同点　猪增生性肠炎的病原为胞内劳森氏菌，是一种严格细胞内生长的细菌，呈小弯曲形、逗点形、S形，或为直的杆菌，革兰氏染色阴性，抗酸染色阳性。

8.与猪痢疾的鉴别

（1）相似点　病猪排血便。

（2）不同点　猪痢疾的病原为猪痢疾蛇形螺旋体，呈较缓的螺旋形，多为2～4个弯曲，形如双雁翅状，为厌氧菌，革兰氏染色阴性。

9.与猪毛首线虫病的鉴别

（1）相似点　病猪排血便。

（2）不同点　猪毛首线虫病是由猪毛首线虫寄生在猪大肠内引起的。生前诊断可用漂浮法检查虫卵；剖检时发现大量虫体也可确诊。

（七）防制方法

1.预防措施

疫区及受威胁地区，可考虑用无毒炭疽芽孢苗0.5毫升或第Ⅱ号炭疽芽孢苗1毫升，耳根或后腿内侧皮下注射，注射后两周产生免疫力，免疫期为1年。屠宰场、肉联厂应加强对屠宰猪只的检验，特别是要做好放血后的头部检疫。

2.治疗方法

病猪在严格隔离条件下，立即注射抗炭疽血清30～80毫升（小猪）或50～100毫升（大猪）或用青霉素或磺胺类药治疗。同时上报疫情，采取严格封锁、隔离、消毒、毁尸等措施，尽快扑灭疫情。

二、布鲁氏菌病

布鲁氏菌病简称"布病"，是由布鲁氏菌属细菌引起的急性或慢性的人畜共患传染病。特征是生殖器官和胎膜发炎，引起流产、不育和各种组织的局部病灶。

（一）病原

猪布鲁氏菌病病原主要是猪布鲁氏菌，为革兰氏阴性、细小的球杆菌或短杆菌。猪布鲁氏菌主要有4个生物型。该菌对外界因素抵抗力较强，在污染的土壤、水、粪尿及饲料等中可生存一至数月，对热和消毒药的抵抗力不强，常用消毒药能迅速将其杀死。

（二）流行病学

该病可感染多种动物，接近性成熟阶段的动物较为易感，一般呈散发。病猪和带菌猪是主要传染源，病原菌可随精液、乳汁、脓液，特别是流产胎儿、胎衣、羊水等排出体外，主要经消化道感染，也可经结膜、阴道、皮肤感染。母畜感染后一般只发生一次流产，流产两次的少见。

（三）临床特征

母猪多在初次妊娠后第4～12周流产，一般产后8～10天可以自愈。少数个体因胎衣滞留，引起子宫炎和不育。公猪多见睾丸炎（图2-2）和附睾炎。

（四）病理变化

母猪子宫黏膜上散在淡黄色、质地硬实的小结节，切开有少量干酪样物质。流产或正产胎儿皮下水肿、出血，在脐带周围尤为明显。胎衣充血、出血和水肿。公猪睾丸、附睾和前列腺肿大。此外，还有皮下脓肿、关节炎、肾脓肿等病变。

（五）实验室诊断

结合临床症状、流行病学、病理变化、细菌分离鉴定和血清学实验等方法可以做出诊断。

（六）类似病症鉴别

该病应与猪繁殖与呼吸综合征、猪圆环病毒2型感染、伪狂犬病、猪细小病毒病、猪流行性感冒、猪流行性乙型脑炎、脑心肌炎、猪巨细胞病毒感染、钩端螺旋体病、猪衣原

图2-2　病猪左侧睾丸肿大，右侧睾丸萎缩（陈立功供图）

体病、弓形虫病和猪滑液支原体关节炎等相鉴别。

1. 与猪繁殖与呼吸综合征的鉴别

相关内容见"第一章 猪病毒病的类症鉴别"中"四、猪繁殖与呼吸综合征"。

2. 与猪圆环病毒2型感染的鉴别

相关内容见"第一章 猪病毒病的类症鉴别"中"五、猪圆环病毒2型感染"。

3. 与伪狂犬病的鉴别

相关内容见"第一章 猪病毒病的类症鉴别"中"六、伪狂犬病"。

4. 与猪细小病毒病的鉴别

相关内容见"第一章 猪病毒病的类症鉴别"中"七、猪细小病毒病"。

5. 与猪流行性感冒的鉴别

相关内容见"第一章 猪病毒病的类症鉴别"中"九、猪流行性感冒"。

6. 与猪流行性乙型脑炎的鉴别

相关内容见"第一章 猪病毒病的类症鉴别"中"十三、猪流行性乙型脑炎"。

7. 与脑心肌炎的鉴别

相关内容见"第一章 猪病毒病的类症鉴别"中"十四、脑心肌炎"。

8. 与猪巨细胞病毒感染的鉴别

相关内容见"第一章 猪病毒病的类症鉴别"中"十八、猪巨细胞病毒感染"。

9.与钩端螺旋体病的鉴别

（1）相似点　母猪繁殖障碍。

（2）不同点　钩端螺旋体病的病原为致病性钩端螺旋体，革兰氏染色阴性，在暗视野或相差显微镜下，呈细长的丝状、圆柱形，螺纹细密而规则，菌体两端弯曲成钩状，常呈"C"或"S"形弯曲，运动活泼并沿其长轴旋转。

10.与猪衣原体病的鉴别

（1）相似点　母猪繁殖障碍。

（2）不同点　猪衣原体病病料经qPCR方法检测呈衣原体16S rRNA或23S rRNA基因阳性，或经PCR方法检测呈 *omp A* 基因阳性。

11.与弓形虫病的鉴别

（1）相似点　母猪繁殖障碍。

（2）不同点　弓形虫病是一种人畜共患原虫病；猫是弓形虫的终末宿主；表现为肺水肿。早期用磺胺嘧啶等药物治疗效果良好。病料可检出滋养体与包囊；弓形虫病间接血凝试验（IHA）检测被检血清呈阳性；巢式PCR、半巢式PCR或实时定量PCR检测弓形虫的 *B1* 基因呈阳性。

12.与猪滑液支原体关节炎的鉴别

（1）相似点　关节炎。

（2）不同点　猪滑液支原体关节炎病料经实时定量PCR方法检测呈猪滑液支原体阳性。

（七）防制方法

患病动物一般不予治疗，采取定期检疫，阳性动物淘汰处理、深埋或火化，按时消毒，防止疫病传入和免疫接种等综合性防疫措施。猪主要应用猪2号弱毒菌苗（S2菌苗），断奶后任何年龄的猪，怀孕与非怀孕的均可应用，怀孕猪不要用注射法，可口服。

三、破伤风

破伤风俗称"强直症""锁口风""脐带风"等，是由破伤风梭菌经伤口感染后产生外毒素引起的一种急性、中毒性传染病。其特征是病猪对外界刺激的反射兴奋性增高，肌肉持续性痉挛。在自然感染时，通常是由小而深的创伤感染而引起，小猪常在去势后发生。

（一）病原

破伤风梭菌是一种大型、革兰氏染色阳性、能形成芽孢的专性厌氧菌，芽孢在菌体的一侧，似鼓槌状（图2-3）。幼年培养物革兰氏染色阳性，48小时后多呈阴性反应。

（二）流行病学

各种动物均有易感性，其中以单蹄兽最易感，牛、羊和猪次之；易感动物不分年龄、

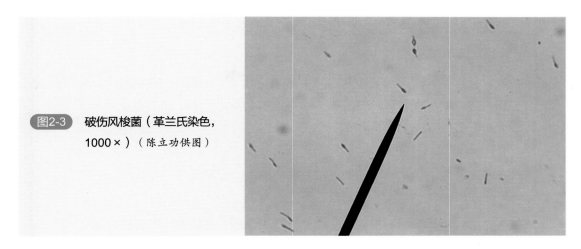

图2-3　破伤风梭菌（革兰氏染色，1000×）（陈立功供图）

品种和性别，均可发生感染。破伤风梭菌广泛存在于自然界中，主要通过各种创伤，如断脐、阉割、钉伤等感染。该病无季节性，常表现零星散发。

（三）临床特征

初发病时局部肌肉或全身肌肉呈轻度强直，行动不便，吃食缓慢；接着四肢僵硬，腰部不灵活，两耳竖立，尾部不灵活，瞬膜露出，牙关紧闭，流口水，肌肉发生痉挛（图2-4）。当强行驱赶时，痉挛加剧，并嘶叫，卧地不能起立，出现角弓反张，很快死亡。

图2-4　濒死病猪四肢强直，肌肉抽搐，耳朵和尾巴竖立（陈立功供图）

（四）病理变化

该病无明显的病理变化，仅在黏膜、浆膜及脊髓等处可见有小出血点，肺脏充血、水肿，骨骼肌变性或具有坏死灶，肌间结缔组织水肿等非特异性变化。

（五）实验室诊断

根据该病特殊的临床症状，如肌肉强直、神志清醒、应激性增高、体温正常，并多有创伤史，可进行初步诊断。通过实验室的细菌学、分子生物学或血清学检测进行确诊。

（六）类似病症鉴别

该病应与猪瘟、猪繁殖与呼吸综合征、猪圆环病毒2型感染、伪狂犬病、猪流行性乙型脑炎、狂犬病、仔猪水肿病、急性肌肉风湿症、马钱子中毒、猪食盐中毒、猪中暑、仔猪低血糖症、猪硒缺乏症等相鉴别。

1.与猪瘟的鉴别

相关内容见"第一章 猪病毒病的类症鉴别"中"一、猪瘟"。

2.与猪繁殖与呼吸综合征的鉴别

相关内容见"第一章 猪病毒病的类症鉴别"中"四、猪繁殖与呼吸综合征"。

3.与猪圆环病毒2型感染的鉴别

相关内容见"第一章 猪病毒病的类症鉴别"中"五、猪圆环病毒2型感染"。

4.与伪狂犬病的鉴别

相关内容见"第一章 猪病毒病的类症鉴别"中"六、伪狂犬病"。

5.与猪流行性乙型脑炎的鉴别

相关内容见"第一章 猪病毒病的类症鉴别"中"十三、猪流行性乙型脑炎"。

6.与狂犬病的鉴别

（1）相似点 神经症状。

（2）不同点 狂犬病病料经RT-PCR检测狂犬病病毒膜蛋白基因呈阳性。狂犬病典型症状为恐水，可用狂犬病疫苗预防。

7.与仔猪水肿病的鉴别

（1）相似点 神经症状。

（2）不同点 水肿病猪一般不发热；多见于断奶前后体格强壮仔猪发病，以眼睑、胃壁和肠系膜水肿为病理特征。病料分离纯化细菌为革兰氏阴性杆菌，PCR检测猪大肠杆菌16S rRNA基因呈阳性，且 *SLT-IIe* 基因呈阳性，则证实病原为产志贺样毒素大肠杆菌（SLTEC）。

8.与急性肌肉风湿症的鉴别

（1）相似点 肌肉强直。

（2）不同点 破伤风为传染病；急性肌肉风湿症为非传染病。破伤风病原为破伤风梭菌，是革兰氏阳性、能形成芽孢的专性厌氧菌，芽孢在菌体的一侧，似鼓槌状。

9.与马钱子中毒的鉴别

（1）相似点 肌肉强直。

（2）不同点 破伤风为散发性传染病，在自然感染时常由小而深的创伤感染而引起，或常在猪去势后发生。马钱子中毒病例有马钱子用药史，只有用药个体有发病可能，细菌学检查结果为阴性。

10.与猪食盐中毒的鉴别

（1）相似点 神经症状。

（2）不同点 破伤风为散发性传染病，在自然感染时常由小而深的创伤感染而引起，或常在猪去势后发生。食盐中毒病猪有吃过量食盐史，一般体温不高，无传染性。

11.与猪中暑的鉴别

（1）相似点 神经症状。

（2）不同点 破伤风为散发性传染病，在自然感染时常由小而深的创伤感染而引起，或常在猪去势后发生。猪中暑多发生于夏季，发病主要集中在中午至下午。其多因日光照射过于强烈且湿度较高，或猪受日光照射时间长；或猪圈狭小且不通风，饲养密度过大；或长途运输时运输车厢狭小，过分拥挤，通风不良等导致。

12.与仔猪低血糖症的鉴别

（1）相似点 神经症状。

（2）不同点 仔猪低血糖症的主要原因是仔猪出生后吮乳不足。根据母猪饲养管理不良、产后少乳或无乳，发病仔猪的临诊症状，尸体剖检变化及应用葡萄糖治疗的疗效能做出诊断。

13.与猪硒缺乏症的鉴别

（1）相似点 神经症状。

（2）不同点 猪硒缺乏症属于营养代谢性疾病，根据临诊基本症候群，结合病史、病理变化及亚硒酸钠治疗效果等，可做出初步诊断。确诊需采血液做硒定量测定和谷胱甘肽过氧化物酶活性测定。

（七）防制方法

1.预防措施

预防该病发生主要是避免引起创伤，如发生外伤立即消毒伤口，同时可注射破伤风类毒素或破伤风抗毒素预防。

2.治疗方法

发生破伤风时，首先将病猪放在安静、光线柔和的室内，减少刺激尤为重要。对感染创伤进行有效的防腐消毒，彻底消除脓汁、坏死组织等，并用3%的过氧化氢、2%的高锰酸钾或5%碘酊消毒创伤。初期可皮下或静脉注射破伤风抗毒素5000～20000国际单位。如病情严重，可用同样剂量重复注射一次或数次。为清除病菌，初期可注射青霉素或磺胺类药物。对症治疗时可用硫酸镁或氯丙嗪等药物镇静、抗惊厥。

四、猪丹毒

猪丹毒是由猪丹毒杆菌引起的一种急性、热性传染病。临床与病变特征为高热、急性败血症、皮肤疹块（亚急性）、皮肤坏死、多发性非化脓性关节炎和心内膜炎（慢性）。

（一）病原

猪丹毒杆菌是革兰氏阳性菌，抵抗力很强，对热较敏感，一般化学消毒药对丹毒杆菌有较强的杀伤力。

（二）流行病学

该病主要发生于3～12月龄猪，常为散发或地方性流行，有一定的季节性，北方以炎热、多雨季节多发，南方以冬、春季节流行。病猪和带菌猪是该病的主要传染源，主要经消化道和破损皮肤传染给易感猪。此外，该病也可通过蚊、蝇、虱等吸血昆虫传播。

（三）临床特征

该病通常分为最急性型、急性败血型、亚急性型（疹块型）、慢性型四型。

1.最急性型

流行初期第一批发病死亡的猪，发病前无任何症状，前日晚吃食良好，而翌日晨发现猪只死亡，全身皮肤发绀（图2-5），若群养猪，其他猪相继发病死亡。

图2-5　最急性型病猪全身皮肤发绀

（陈立功供图）

2.急性败血型

暴发之日起第3～4天出现，病猪精神高度沉郁，不食不饮，体温42～43℃，高热不退，可稽留3～5天。结膜充血，眼睛清亮，粪便干硬附有黏液。

3.亚急性型（疹块型）

病程为1～2周。病猪体温41℃以上，精神不振，口渴，便秘，皮肤上出现方形、菱形或圆形疹块，稍凸起于皮肤表面，初期疹块局部温度升高、充血、指压褪色，后期淤血、呈紫黑色（图2-6、图2-7），疹块出现1～2天后体温下降，病情好转，经1～2周自行康复。病情恶化可转为败血型而亡。

4.慢性型

病猪常有慢性浆液性纤维素性关节炎、慢性疣状内膜炎和皮肤坏死。前两者往往在同一病猪身上同时存在，皮肤坏死多单独发生。

图2-6　亚急性型病猪皮肤呈紫黑色（一）（肖娜供图）

图2-7　亚急性型病猪皮肤呈紫黑色（二）（肖娜供图）

（四）病理变化

1.最急性型

流行初期第一批发病突然死亡的猪，全身皮肤发绀（图2-8）。脾切面白髓周围出现"红晕"。

图2-8　病死猪皮肤呈紫红色
（陈立功供图）

2.急性败血型

急性败血型以败血症为特征，全身皮肤出现红斑，指压褪色，微隆起于周围正常皮肤的表面，病程稍长者，红斑上出现小水疱，水疱破裂干涸后，形成黑褐色痂皮。肾脏肿大，被膜易剥离，有少量出血点，在暗红色的背景上有灰白色、黄白色大小不一的斑点。胃、小肠黏膜肿胀、充血、出血（图2-9），全身淋巴结充血、肿胀、出血。脾脏高度肿大，呈樱桃红色。心内膜有小出血点。

3.亚急性型（疹块型）

特征是皮肤上发生疹块，形状呈方形、菱形或不规则形（图2-10、图2-11）。

图2-9　**胃黏膜充血、出血**
（陈立功供图）

图2-10　**亚急性型病猪皮肤疹块（一）**（陈立功供图）

图2-11 亚急性型病猪皮肤疹块
（二）（陈立功供图）

4.慢性型

病变主要特征为心脏二尖瓣等瓣膜处有溃疡性心内膜炎，形成疣状团块，如菜花状（图2-12）；腕关节和跗关节呈现慢性关节炎（图2-13），关节囊肿大，有浆液性渗出物（图2-14）；皮肤坏死。

图2-12 慢性型病猪心脏瓣膜有菜花样大小不等的疣状物质（陈立功供图）

图2-13　慢性型病猪关节炎

（陈立功供图）

图2-14　慢性型病猪关节囊肿大，
　　　　有浆液性渗出物（陈立功
　　　　供图）

（五）实验室诊断

根据流行病学、临床症状、病理变化可做出初步诊断，进一步确诊，可做细菌学检查、动物接种实验及血清学试验。

（六）类似病症鉴别

该病应与猪瘟、非洲猪瘟、猪痘、猪炭疽、猪巴氏杆菌病、仔猪副伤寒、猪链球菌病、猪传染性胸膜肺炎、弓形虫病、猪滑液支原体关节炎等相鉴别。

1.与猪瘟的鉴别

相关内容见"第一章 猪病毒病的类症鉴别"中"一、猪瘟"。

2.与非洲猪瘟的鉴别

相关内容见"第一章 猪病毒病的类症鉴别"中"二、非洲猪瘟"。

3.与猪痘的鉴别

相关内容见"第一章 猪病毒病的类症鉴别"中"八、猪痘"。

4.与猪炭疽的鉴别

相关内容见"第二章 猪细菌病的类症鉴别"中"一、猪炭疽"。

5.与猪巴氏杆菌病的鉴别

（1）相似点　发热；慢性型病例表现为关节炎。

（2）不同点　猪巴氏杆菌病最急性病例咽喉部水肿。病原学检查可发现革兰氏阴性、两极浓染细菌；病料或分离纯化细菌经PCR等分子生物学方法检测呈巴氏杆菌阳性。

6.与仔猪副伤寒的鉴别

（1）相似点　皮肤血液循环障碍。

（2）不同点　副伤寒仔猪肝脏被膜下见灰黄色副伤寒结节；慢性病例大肠黏膜见糠麸样坏死物。病原学检查可发现革兰氏染色阴性菌；病料或分离纯化细菌经PCR等分子生物学方法检测呈沙门菌阳性。

7.与猪链球菌病的鉴别

（1）相似点　发热；关节炎。

（2）不同点　链球菌病能引起猪的脑膜炎、关节炎、心内膜炎、中耳炎、支气管炎和中毒休克综合征等。病料或分离纯化细菌为革兰氏阳性球菌，PCR检测呈猪链球菌16S rRNA基因阳性。

8.与猪传染性胸膜肺炎的鉴别

（1）相似点　高热；呼吸道症状；皮炎。

（2）不同点　猪传染性胸膜肺炎病猪病料、细菌分离培养物经镜检见革兰氏阴性两极染色的球杆菌；进一步经PCR方法检测呈胸膜肺炎放线杆菌（APP）血清1～14型的表面抗原蛋白D15和16S rRNA基因阳性。

9.与弓形虫病的鉴别

（1）相似点　发热；皮肤红斑。

（2）不同点　弓形虫病是人畜共患寄生虫病，猫科动物是弓形虫的终末宿主。病料经镜检见肝脏坏死灶周围的巨噬细胞、淋巴窦内皮细胞和肺泡上皮细胞内有数量不等的弓形虫速殖子。病料可检出滋养体与包囊；病料经巢式PCR、实时定量PCR等分子生物学方法检测呈弓形虫阳性；弓形虫病间接血凝试验（IHA）检测被检血清呈阳性。

10.与猪滑液支原体关节炎的鉴别

（1）相似点　关节炎。

（2）不同点　猪滑液支原体关节炎病料经实时定量PCR方法检测呈猪滑液支原体阳性。

（七）防制方法

1.预防措施

加强饲养管理，做好定期消毒工作，增强机体抵抗力。定期用猪丹毒弱毒菌苗或猪瘟、猪丹毒、猪肺疫三联冻干疫苗免疫接种。仔猪在60～75日龄时皮下或肌内注射猪丹毒氢氧化铝甲醛疫苗5毫升，3周后产生免疫力，免疫期为半年。以后每年春秋两季各免疫一次。

2.治疗方法

治疗时，首选药物为青霉素，对败血症猪最好首先用青霉素注射剂，按每千克体重2万～3万单位静脉注射，每天2次。也有报道用磺胺嘧啶钠治疗效果更好。或根据药敏试验结果用敏感抗生素治疗。

五、猪巴氏杆菌病

猪巴氏杆菌病，又称猪肺疫或猪出血性败血症，是由多杀性巴氏杆菌引起。特征是最急性型呈败血症变化；急性型呈纤维素性胸膜肺炎症状；慢性型逐渐消瘦，有时伴有关节炎。

（一）病原

多杀性巴氏杆菌为革兰氏阴性菌，分为16个血清型，各型之间不能交叉保护。

（二）流行病学

猪巴氏杆菌病多为散发。病畜禽和带菌畜禽是主要传染源，健康畜禽也可能带菌。其主要经过消化道和呼吸道传染，以冷热交替、气候剧变、闷热、潮湿、多雨时期多发。

（三）临床特征

根据其病程，临床上可分为最急性型、急性型和慢性型三种类型。

1.最急性型

该类型呈败血症经过，体温41～42℃，呼吸困难，心跳加快，不食，口鼻黏膜发绀。吻突、耳根、颈部、胸部、腹部等皮肤呈蓝紫色，颈部肿胀（图2-15、图2-16），多在数小时内到一天死亡。

2.急性型

该类型呈纤维素性胸膜肺炎症状。体温40～41℃，呼吸困难，有短而干的咳嗽，流鼻涕，气喘，有黏液性或脓性结膜炎。皮肤出现红紫斑。病初便秘，后下痢，往往在2～3天内死亡，不死的转为慢性。

图2-15 吻突、耳根皮肤呈蓝紫色
（陈立功供图）

图2-16 急性死亡猪颈部肿胀、颈部和胸部皮肤呈蓝紫色（陈立功供图）

3. 慢性型

该类型主要表现为慢性肺炎或慢性胃肠炎。病猪食欲不振，时有腹泻，消瘦；或持续性咳嗽，呼吸困难，鼻孔不时流出黏性或脓性分泌物。治疗不当，于发病后2～3周衰竭死亡。

（四）病理变化

1. 最急性型

病例可见全身黏膜、浆膜和皮下组织、心内膜处有大量出血斑点。典型病变为咽喉部水肿，其周围组织发生出血性浆液浸润，肺部淤血，气管断端充满泡沫样液体（图2-17），淋巴结肿大呈浆液性出血性炎症。

2. 急性型

病例主要变化是纤维素性胸膜肺炎，有各期肺炎病变和坏死灶，肺脏切面呈大理石样。

图2-17 肺淤血，气管断端充满泡沫样液体（陈立功供图）

3.慢性型

病例肺脏肝变（图2-18～图2-20），有坏死或化脓灶。肺胸膜及心包有纤维素性絮状物附着，肋胸膜变厚，常与病肺粘连；有时见化脓性关节炎。

图2-18 红色肝变期（初期）肺充血、水肿，红色肝变（陈立功供图）

图2-19 肺脏肝变，表面附有纤维素样分泌物（肖娜供图）

图2-20 肺肝变，浆膜附有纤维素性渗出物（陈立功供图）

（五）实验室诊断

根据流行特点、临床症状和病理变化可做出初步诊断，但确诊需要进行细菌分离、鉴定（图2-21）。

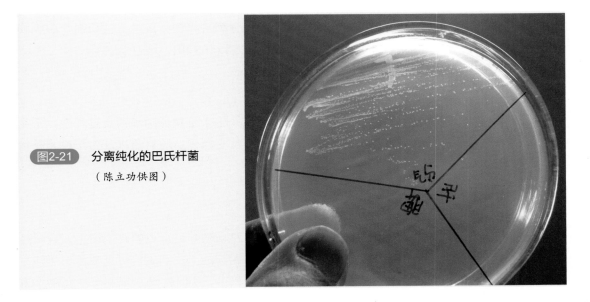

图2-21 分离纯化的巴氏杆菌
（陈立功供图）

（六）类似病症鉴别

该病应与猪瘟、猪流行性感冒、猪炭疽、猪丹毒、仔猪副伤寒、猪链球菌病、猪传染性胸膜肺炎、猪支原体肺炎、弓形虫病等相鉴别。

1.与猪瘟的鉴别

相关内容见"第一章 猪病毒病的类症鉴别"中"一、猪瘟"。

2.与猪流行性感冒的鉴别

相关内容见"第一章 猪病毒病的类症鉴别"中"九、猪流行性感冒"。

3.与猪炭疽的鉴别

相关内容见"第二章 猪细菌病的类症鉴别"中"一、猪炭疽"。

4.与猪丹毒的鉴别

相关内容见"第二章 猪细菌病的类症鉴别"中"四、猪丹毒"。

5.与仔猪副伤寒（急性败血型）的鉴别

（1）相似点 皮肤红斑。
（2）不同点 副伤寒仔猪肝脏被膜下见灰黄色副伤寒结节。病原学检查可发现革兰氏染色阴性菌；病料或分离纯化细菌经PCR等分子生物学方法检测呈沙门菌阳性。

6.与猪链球菌病的鉴别

（1）相似点 发热；皮肤红斑。

（2）不同点 链球菌病病猪病料分离纯化细菌为革兰氏阳性球菌，PCR检测呈猪链球菌16S rRNA基因阳性。

7.与猪传染性胸膜肺炎的鉴别

（1）相似点 发热；呼吸道症状；皮肤红斑。

（2）不同点 猪传染性胸膜肺炎病猪病料或细菌分离培养物经PCR方法检测呈胸膜肺炎放线杆菌（APP）血清1～14型的表面抗原蛋白D15和16S rRNA基因阳性。

8.与猪支原体肺炎的鉴别

（1）相似点 呼吸道症状。

（2）不同点 猪支原体肺炎慢性病例连续咳嗽多发生于早晨活动和喂食过程中；常见心叶和尖叶对称性的肉样或虾样实变；病原体为猪肺炎支原体。病料经PCR方法检测呈猪肺炎支原体膜蛋白基因阳性。

9.与弓形虫病的鉴别

（1）相似点 呼吸困难；皮肤色斑。

（2）不同点 弓形虫病是人畜共患寄生虫病，猫科动物是弓形虫的终末宿主。病料经镜检在肝脏坏死灶周围的巨噬细胞、淋巴窦内皮细胞和肺泡上皮细胞内可见数量不等的弓形虫速殖子。病料可检出滋养体与包囊；病料经巢式PCR、实时定量PCR等分子生物学方法检测呈弓形虫阳性；弓形虫病间接血凝试验（IHA）检测被检血清呈阳性。

（七）防制方法

1.预防措施

加强饲养管理，消除可能降低抵抗力的因素。每年春秋定期用猪肺疫氢氧化铝甲醛菌苗或猪肺疫口服弱毒菌苗进行两次免疫接种，或皮下注射5毫升，注射后14天产生免疫力，后者可按瓶签要求应用，注射后7天产生免疫力。

2.治疗方法

最急性型和急性型病猪，早期用抗血清治疗，效果较好。青霉素、氨苄青霉素、四环素等药物有一定疗效，或根据药敏试验结果用敏感抗生素治疗。

六、仔猪副伤寒

仔猪副伤寒又称"猪沙门菌病"，是由沙门菌属细菌引起仔猪的一种传染病。急性型呈败血症变化，亚急性型和慢性型以顽固性腹泻和肠道的固膜性肠炎为特征。

（一）病原

沙门菌为革兰氏阴性菌，对干燥、腐败、日光等有一定抵抗力，在外环境中可生存数周或数月，但对化学消毒剂的抵抗力不强，常用消毒药均能将其杀死。

（二）流行病学

各种日龄猪均可感染该病，但多发生于断乳至4月龄的仔猪。一年四季均可发生，但以多雨潮湿的季节发生较多。病猪和带菌猪是主要的传染源，主要经消化道传播，仔猪采食被病原体污染的饲料、饮水后而引起发病。

（三）临床特征

1.急性型（败血型）

急性型多见于断奶前后的仔猪，精神沉郁，食欲不振或废绝，体温41～42℃，鼻、眼有黏性分泌物，病初便秘，后下痢，粪便淡黄、恶臭。颈、耳、胸、腹部皮肤紫红或蓝紫色（图2-22）。

 病猪耳部皮肤淤血发紫
（陈立功供图）

2.慢性型

该类型最常见，病猪持续下痢，日渐消瘦、衰弱，被毛粗乱无光，行走摇晃，最后极度衰竭而死亡。不死的病猪生长发育停滞，成为僵猪。

（四）病理变化

1.急性型

全身淋巴结肿大，紫红色，切面外观似大理石状。心外膜、肾脏及胃黏膜出血。肝脏肿大淤血、出血，被膜下有灰黄色的副伤寒结节，镜检结节为肝细胞变性、坏死形成的坏死性副伤寒结节（图2-23、图2-24）。病程稍长的病例，大肠黏膜有糠麸样坏死物。

2.慢性型

典型病变是盲肠、结肠有浅平溃疡或坏死，周边呈堤状，中央稍凹陷，表面附有糠麸

图2-23 肝点状坏死（HE，100×）
（陈立功供图）

图2-24 肝点状坏死（HE，400×）
（陈立功供图）

样假膜（图2-25），多数病灶汇合而形成弥漫性纤维素性坏死性肠炎，坏死灶表面干涸结痂，不易脱落。

图2-25 慢性型病猪结肠黏膜附有糠麸样假膜（陈立功供图）

（五）实验室诊断

急性型病例诊断较困难，慢性型病例根据症状和病理变化，结合流行病学即可做出初步诊断。确诊需要进行细菌学检查。

（六）类似病症鉴别

该病要与猪瘟、猪传染性胃肠炎、猪流行性腹泻、猪轮状病毒病、猪德尔塔冠状病毒病、猪炭疽、猪丹毒、猪巴氏杆菌病、猪大肠杆菌病、猪链球菌病、猪传染性胸膜肺炎、猪增生性肠炎、猪痢疾、猪毛首线虫病等相鉴别。

1.与猪瘟的鉴别

相关内容见"第一章 猪病毒病的类症鉴别"中"一、猪瘟"。

2.与猪传染性胃肠炎的鉴别

相关内容见"第一章 猪病毒病的类症鉴别"中"十、猪传染性胃肠炎"。

3.与猪流行性腹泻的鉴别

相关内容见"第一章 猪病毒病的类症鉴别"中"十一、猪流行性腹泻"。

4.与猪轮状病毒病的鉴别

相关内容见"第一章 猪病毒病的类症鉴别"中"十二、猪轮状病毒病"。

5.与猪德尔塔冠状病毒病的鉴别

（1）相似点 腹泻。
（2）不同点 病料检测呈猪德尔塔冠状病毒（PDCoV）阳性。

6.与猪炭疽的鉴别

相关内容见"第二章 猪细菌病的类症鉴别"中"一、猪炭疽"。

7.与猪丹毒的鉴别

相关内容见"第二章 猪细菌病的类症鉴别"中"四、猪丹毒"。

8.与猪巴氏杆菌病的鉴别

相关内容见"第二章猪细菌病的类症鉴别"中"五、猪巴氏杆菌病"。

9.与猪大肠杆菌病（仔猪黄痢和仔猪白痢）的鉴别

（1）相似点 腹泻。
（2）不同点 仔猪黄痢多发于7日龄之内，患病仔猪少有呕吐，排黄色糊状或半透明的黄色液体。病料和细菌分离培养物经镜检见革兰氏阴性杆菌；进一步经PCR方法检测呈猪大肠杆菌16S rRNA基因阳性和产肠毒素大肠杆菌（ETEC）阳性。仔猪白痢多发于10～30日龄仔猪，无呕吐，排白色稀便。用敏感抗生素治疗效果较好。病料和细菌分离培养物经镜检见革兰氏阴性杆菌；进一步经PCR方法检测呈猪大肠杆菌16S rRNA基因阳性。

10.与猪链球菌病的鉴别

（1）相似点 皮肤红斑。

（2）不同点　链球菌病病猪病料分离纯化细菌为革兰氏阳性球菌，PCR检测呈猪链球菌16S rRNA基因阳性。

11.与猪传染性胸膜肺炎的鉴别

（1）相似点　皮肤红斑。

（2）不同点　猪传染性胸膜肺炎病猪病料或细菌分离培养物经PCR方法检测呈胸膜肺炎放线杆菌（APP）血清1～14型的表面抗原蛋白D15和16S rRNA基因阳性。

12.与猪增生性肠炎的鉴别

（1）相似点　腹泻。

（2）不同点　猪增生性肠炎由猪胞内劳森氏菌引起。病料或分离纯化细菌经PCR等分子生物学方法检测呈猪胞内劳森氏菌阳性。

13.与猪痢疾的鉴别

（1）相似点　腹泻。

（2）不同点　猪痢疾的病原为猪痢疾蛇形螺旋体，主要引发1～4月龄猪的出血性下痢。取新鲜粪便（带血丝的黏液），经吉姆萨染色镜检，可观察到猪痢疾蛇形螺旋体。

14.与猪毛首线虫病的鉴别

（1）相似点　腹泻。

（2）不同点　猪毛首线虫病是由猪毛首线虫寄生在猪大肠内引起的。生前诊断可用漂浮法检查虫卵；剖检时发现大量虫体也可确诊。

（七）防制方法

1.预防措施

采取良好的兽医生物安全措施，实行全进全出的饲养方式，控制饲料污染，消除发病诱因，是预防该病的重要环节。对1月龄以上的仔猪肌内注射仔猪副伤寒冻干弱毒疫苗预防。

2.治疗方法

病猪隔离饲养，最好根据药敏试验结果，选用敏感抗生素治疗。污染的圈舍用20%石灰乳或2%氢氧化钠消毒。治愈的猪，仍可带菌，不能与无病猪群混养。

七、猪大肠杆菌病

猪大肠杆菌病是由致病性大肠杆菌感染仔猪引起的急性传染病，主要表现为仔猪黄痢、仔猪白痢和仔猪水肿病。

（一）病原

大肠杆菌是革兰氏阴性、中等大小的杆菌。致仔猪黄痢大肠杆菌能产生肠毒素。各地分离的大肠杆菌菌株对抗生素的敏感性差异很大，极易产生耐药性。

（二）流行病学

1.仔猪黄痢

仔猪黄痢多发生出生后几小时到7日龄以内的仔猪，1～3日龄最常见，无明显季节性，一经传入，经久不断，产仔旺季较淡季严重。

2.仔猪白痢

该病是10～30日龄仔猪多发的急性肠道传染病，常与应激因素有关，如母乳品质低劣，仔猪圈舍卫生不良、阴冷潮湿，气候突变等。

3.仔猪水肿病

仔猪水肿病多为散发或地方性流行，多发生于断奶不久的仔猪，常常是体格健壮、生长快的仔猪最为常见。带菌母猪和发病仔猪是主要传染源，经消化道传播。

（三）临床特征

1.仔猪黄痢

病猪剧烈腹泻，排黄色糊状（图2-26）或半透明的黄色液体，迅速脱水、昏迷致死（图2-27）。

图2-26 **仔猪排黄色稀便**
（陈立功供图）

图2-27 **仔猪腹泻、昏迷死亡**
（陈立功供图）

2.仔猪白痢

病猪多突然发生腹泻，粪便呈浆状、糊状，灰白色或黄白色（图2-28），具腥臭，肛门周围常被粪便污染，有时可见吐奶。病猪逐渐消瘦（图2-29），发育迟缓，病程3～7天，多数能自行康复。

图2-28 仔猪腹泻内容物
（陈立功供图）

图2-29 仔猪消瘦（陈立功供图）

3.仔猪水肿病

最早通常突然发现1～2头体壮的仔猪精神委顿、减食或停食，病程短促，很快死亡。多数病猪头部水肿，步态蹒跚，肌肉震颤，倒地四肢划动如游泳（图2-30、视频2-1～视频2-3），发出嘶哑的尖叫声，体温正常或偏低。病程短者数小时，一般1～2天内死亡。该病发病率不高，病死率可达90%。

視頻 2-1

仔猪水肿病，神经症状（一）

視頻 2-2

仔猪水肿病，神经症状（二）

視頻 2-3

仔猪水肿病，神经症状（三）

图2-30　仔猪倒地四肢划动
（陈立功供图）

（四）病理变化

1.仔猪黄痢

剖检为急性卡他性胃肠炎的变化（图2-31）。

图2-31　小肠血管充血、充有气
体和黄色内容物（陈立功
供图）

2.仔猪白痢

病猪尸体苍白、消瘦。胃内有凝乳块，肠内常有气体，内容物为糊糊状或油膏状、乳白色或灰白色，肠黏膜轻度充血潮红，肠壁非常薄而呈半透明状，肠系膜淋巴结水肿。

3.仔猪水肿病

剖检为溶血性大肠杆菌急性肠内毒素中毒性休克病变。尸体营养良好，常见眼睑（图2-32）及结膜水肿。头颈部皮下水肿（图2-33），胃壁（图2-34）、结肠系膜（图2-35）显著炎性水肿。

图2-32 眼睑水肿（陈立功供图）

图2-33 皮下水肿（陈立功供图）

图2-34　胃壁水肿、增厚（陈立功供图）

图2-35　结肠袢的系膜胶样水肿（陈立功供图）

（五）实验室诊断

根据流行特点、临床症状、病理特征，一般可做出初步诊断，确诊需要分离病原性大肠杆菌（图2-36），鉴定其血清型。

图2-36　麦康凯培养基上分离纯化的大肠杆菌（陈立功供图）

（六）类似病症鉴别

猪大肠杆菌病要与猪传染性胃肠炎、猪流行性腹泻、猪轮状病毒病、猪德尔塔冠状病毒病、仔猪副伤寒、仔猪梭菌性肠炎、猪增生性肠炎、猪痢疾、猪毛首线虫病、猪球虫病、猪中暑、仔猪低血糖症、猪硒缺乏症等相鉴别。

1.与猪传染性胃肠炎的鉴别

相关内容见"第一章 猪病毒病的类症鉴别"中"十、猪传染性胃肠炎"。

2.与猪流行性腹泻的鉴别

相关内容见"第一章 猪病毒病的类症鉴别"中"十一、猪流行性腹泻"。

3.与猪轮状病毒病的鉴别

相关内容见"第一章 猪病毒病的类症鉴别"中"十二、猪轮状病毒病"。

4.与猪德尔塔冠状病毒病的鉴别

（1）相似点　腹泻。

（2）不同点　病料检测呈猪德尔塔冠状病毒（PDCoV）阳性。

5.与仔猪副伤寒的鉴别

相关内容见"第二章 猪细菌病的类症鉴别"中"六、仔猪副伤寒"。

6.与仔猪梭菌性肠炎的鉴别

（1）相似点　仔猪腹泻、脱水。

（2）不同点　仔猪梭菌性肠炎的病原主要是C型产气荚膜梭菌，或为A型、B型产气荚膜梭菌，主要引发1～3日龄仔猪的出血性下痢。取肠内容进行革兰氏染色、镜检或毒素检查可确诊。

7.与猪增生性肠炎的鉴别

（1）相似点　腹泻。

（2）不同点　猪增生性肠炎由猪胞内劳森氏菌引起。病料或分离纯化细菌经PCR等分子生物学方法检测呈猪胞内劳森氏菌阳性。

8.与猪痢疾的鉴别

（1）相似点　腹泻。

（2）不同点　猪痢疾的病原为猪痢疾蛇形螺旋体，主要引发1～4月龄猪的出血性下痢。取新鲜粪便（带血丝的黏液），经吉姆萨染色镜检，可观察到猪痢疾蛇形螺旋体。

9.与猪毛首线虫病的鉴别

（1）相似点　腹泻。

（2）不同点　猪毛首线虫病是由猪毛首线虫寄生在猪大肠内引起的。生前诊断可用漂浮法检查虫卵；剖检时发现大量虫体也可确诊。

10.与猪球虫病的鉴别

（1）相似点　腹泻。

（2）不同点　猪球虫病的确诊须从待检猪的空肠与回肠检查出球虫内生发育阶段的虫体。

11. 与猪中暑的鉴别

（1）相似点　仔猪水肿病与猪中暑均有神经症状。

（2）不同点　猪中暑多发生于夏季，发病主要集中在中午至下午。其多因日光照射过于强烈且湿度较高；或猪受日光照射时间长；或猪圈狭小且不通风，饲养密度过大；或长途运输时运输车厢狭小，过分拥挤，通风不良等导致。

12. 与仔猪低血糖症的鉴别

（1）相似点　仔猪水肿病与仔猪低血糖症均有神经症状。

（2）不同点　仔猪低血糖症的主要原因是仔猪出生后吮乳不足。根据母猪饲养管理不良、产后少乳或无乳，发病仔猪的临诊症状，尸体剖检变化及应用葡萄糖治疗的疗效能做出诊断。

13. 与猪硒缺乏症的鉴别

（1）相似点　神经症状。

（2）不同点　猪硒缺乏症属于营养代谢性疾病，根据临诊基本症候群，结合病史、病理变化及亚硒酸钠治疗效果等，可做出初步诊断。确诊需采血液做硒定量测定和谷胱甘肽过氧化物酶活性测定。

（七）防制方法

1. 预防措施

严格把好种猪的引进，避免从病猪场引进种猪，坚持自繁自养，建立健康的种猪群。加强母猪的饲养管理和清洁卫生。母猪产房在临产前必须清扫、冲洗，彻底消毒，并垫上干净垫草。母猪临产时用低浓度（0.05% ~ 0.1%）高锰酸钾溶液擦拭乳头和乳房，接产时挤掉每个乳头中的乳汁少许，保证新生仔猪尽早吃上初乳。母猪预防可考虑产前接种猪大肠杆菌疫苗。

2. 治疗方法

对于仔猪黄痢和仔猪白痢，可采用敏感抗菌药物进行防制，同时注意使用补液盐进行补液，效果更佳。对于仔猪水肿病，目前缺乏特异性的治疗方法。初期可口服盐类泻剂，以减少肠内病原菌及其有毒产物，同时使用抑制致病性大肠杆菌的药物。

八、猪链球菌病

猪链球菌病是由多种链球菌感染引起的多种疾病的总称，临床表现为败血症、脑膜炎、关节炎及化脓性淋巴结炎。

（一）病原

病原（图2-37）多为C群的马链球菌兽疫亚种和似马链球菌，D群的猪链球菌，以及E、

图2-37　猪链球菌（革兰氏染色，1000×）（陈立功供图）

L、S、R等群的链球菌。目前，按血清学分类，有20个血清群。

（二）流行病学

不同年龄、品种的猪都可感染该病，一年四季均可发生，春秋季多发，呈地方性流行。病猪和带菌猪是主要传染源，多经呼吸道和消化道感染。败血症型主要发生于架子猪和怀孕母猪，脑膜炎型主要发生于哺乳仔猪和断奶仔猪，关节炎型主要是由败血症型和脑膜炎型转化来的，化脓性淋巴结炎型也多发生于架子猪。

（三）临床特征

1. 败血症型

视频2-4

败血型病猪颈部
皮肤呈蓝紫色

视频2-5

病猪耳部、腹部及
臀部皮肤呈蓝紫色

在流行初期，最急性病例常突然倒地死亡，从口、鼻流出红色泡沫样液体（图2-38、图2-39），皮肤有紫红斑（图2-40、图2-41、视频2-4）。急性型病猪体温达41.5～42℃，甚至42℃以上，精神沉郁，食欲减退或废绝，粪便干燥，眼结膜潮红（图2-42），流泪，有浆液状鼻汁，呼吸困难。后期病猪耳尖、四肢下端、腹下有紫红色（视频2-5）或出血性红斑，跛行，病程2～4天，死亡率高。

图2-38 鼻腔流出血样分泌物
（陈立功供图）

图2-39 鼻孔见血样分泌物
（张芳供图）

图2-40 种猪皮肤淤血发紫
（陈立功供图）

图2-41 病猪皮肤淤血发紫
（陈立功供图）

图2-42 眼结膜潮红
（陈立功供图）

2.脑膜炎型

病猪体温达40.5～42.5℃，不食，便秘，继而出现抽搐，有时后肢麻痹，侧卧于地，四肢作游泳状，甚至昏迷不醒（图2-43），病程几小时至几天。

图2-43 脑膜炎型病猪昏迷不醒
（陈立功供图）

3.关节炎型

病猪一肢或多肢关节肿大，疼痛，跛行，有的不能站立（图2-44），病程2～3周（视频2-6、视频2-7）。

视频 2-6

病猪不愿活动，关节肿胀

视频 2-7

关节肿胀

4.化脓性淋巴结炎型

病猪以下颌淋巴结化脓最为常见，淋巴结肿胀、发硬，吞咽、呼吸困难，随之脓肿（图2-45）变软，化脓成熟，皮肤破溃，脓汁流出，全身症状好转。病程3～5周，一般预后良好。

图2-44　病猪后肢关节红肿、破溃（陈立功供图）

图2-45　病猪下颌见脓肿（肖娜供图）

（四）病理变化

1.败血症型

最急性病例可见口、鼻流出红色泡沫状液体，喉头、气管黏膜充血、出血（图2-46），支气管充血、充满泡沫状液体。急性病例全身淋巴结肿大、充血、出血；肺充血、水肿，呈紫红色（图2-47、图2-48）；心包有积液、淡黄色，心外膜（图2-49）、心内膜（图2-50）弥漫性出血，心包与心外膜见有丝状纤维素性渗出物（绒毛心）和心包积液（图2-51、图2-52）；脾肿大，呈暗红色或蓝紫色（图2-53）；肾轻度肿大、充血、出血；脑膜有不同程度的充血；膀胱黏膜充血（图2-54）。

图2-46 喉头和气管黏膜严重充血
（陈立功供图）

图2-47 肺淤血、出血、水肿
（陈立功供图）

图2-48　肺切面淤血、水肿
（陈立功供图）

图2-49　心外膜弥漫性出血
（陈立功供图）

图2-50　心内膜出血
（陈立功供图）

图2-51 链球菌病猪见"绒毛心"
（肖娜供图）

图2-52 病猪"绒毛心"与心包积
液（肖娜供图）

图2-53 脾脏淤血、肿大（陈立功
供图）

图2-54　膀胱壁增厚、黏膜充血
（陈立功供图）

2.脑膜炎型

脑膜充血、出血（图2-55）；颅腔积液（图2-56）；脑实质有化脓性炎症。

图2-55　脑膜充血、出血
（陈立功供图）

图2-56　颅腔积液（肖娜供图）

3.关节炎型

关节周围肿胀、充血，关节囊内有黄色、胶冻样液体（图2-57）或纤维素性化脓性分泌物（图2-58）。严重者，关节软骨坏死，关节周围组织有多发性化脓灶。

图2-57　跗关节积有黄色胶冻样液体（陈立功供图）

图2-58 病猪关节积有脓性分泌
物（肖娜供图）

4.化脓性淋巴结炎型

病变淋巴结出现化脓灶（图2-59、图2-60），有的可转移到肺脏形成脓肿（图2-61、图2-62）。

图2-59 病猪下颌脓肿切开见黏
稠脓汁（肖娜供图）

图2-60 腹股沟淋巴结化脓
（陈立功供图）

图2-61　肺脏见化脓灶（肖娜供图）

图2-62　肺脏切面的化脓灶

（陈立功供图）

（五）实验室诊断

　　该病的症状和病变比较复杂，容易与多种疾病混淆，必须进行实验室检查（图2-63、图2-64）才能确诊。

图2-63　保育猪血液中的链球菌
　　　　　（革兰氏染色，1000×）
　　　　　（陈立功供图）

图2-64　母猪血液中的链球菌
（革兰氏染色，1000×）
（肖娜供图）

（六）类似病症鉴别

该病要与猪瘟、猪繁殖与呼吸综合征、猪圆环病毒2型感染、伪狂犬病、猪流行性感冒、猪流行性乙型脑炎、脑心肌炎、仔猪先天性震颤、猪巨细胞病毒感染、猪炭疽、猪丹毒、猪巴氏杆菌病、仔猪副伤寒、猪传染性胸膜肺炎、副猪嗜血杆菌病、弓形虫病、猪滑液支原体关节炎、猪食盐中毒、仔猪低血糖症、猪硒缺乏症等相鉴别。

1.与猪瘟的鉴别

相关内容见"第一章 猪病毒病的类症鉴别"中"一、猪瘟"。

2.与猪繁殖与呼吸综合征的鉴别

相关内容见"第一章 猪病毒病的类症鉴别"中"四、猪繁殖与呼吸综合征"。

3.与猪圆环病毒2型感染的鉴别

相关内容见"第一章 猪病毒病的类症鉴别"中"五、猪圆环病毒2型感染"。

4.与伪狂犬病的鉴别

相关内容见"第一章 猪病毒病的类症鉴别"中"六、伪狂犬病"。

5.与猪流行性感冒的鉴别

相关内容见"第一章 猪病毒病的类症鉴别"中"九、猪流行性感冒"。

6.与猪流行性乙型脑炎的鉴别

相关内容见"第一章 猪病毒病的类症鉴别"中"十三、猪流行性乙型脑炎"。

7.与脑心肌炎的鉴别

相关内容见"第一章 猪病毒病的类症鉴别"中"十四、脑心肌炎"。

8. 与仔猪先天性震颤的鉴别

相关内容见"第一章 猪病毒病的类症鉴别"中"十五、仔猪先天性震颤"。

9. 与猪巨细胞病毒感染的鉴别

相关内容见"第一章 猪病毒病的类症鉴别"中"十八、猪巨细胞病毒感染"。

10. 与猪炭疽的鉴别

相关内容见"第二章 猪细菌病的类症鉴别"中"一、猪炭疽"。

11. 与猪丹毒的鉴别

相关内容见"第二章 猪细菌病的类症鉴别"中"四、猪丹毒"。

12. 与猪巴氏杆菌病的鉴别

相关内容见"第二章 猪细菌病的类症鉴别"中"五、猪巴氏杆菌病"。

13. 与仔猪副伤寒的鉴别

相关内容见"第二章 猪细菌病的类症鉴别"中"六、仔猪副伤寒"。

14. 与猪传染性胸膜肺炎的鉴别

（1）相似点　高热；皮肤发绀；鼻流出血样分泌物。

（2）不同点　猪链球菌病料分离纯化细菌为革兰氏阳性、球菌，PCR检测呈猪链球菌16S rRNA基因阳性。猪传染性胸膜肺炎猪病料或细菌分离培养物镜检为革兰氏阴性两极染色的球杆菌；进一步经PCR方法检测呈胸膜肺炎放线杆菌（APP）血清1～14型的表面抗原蛋白D15和16S rRNA基因阳性。

15. 与副猪嗜血杆菌病的鉴别

（1）相似点　发热；呼吸道症状；关节炎。

（2）不同点　猪链球菌病料分离纯化细菌为革兰氏阳性、球菌，PCR检测呈猪链球菌16S rRNA基因阳性。副猪嗜血杆菌病病猪病料和细菌分离培养物镜检为革兰氏阴性杆菌，具有多形性；进一步经PCR方法检测呈副猪嗜血杆菌16S rRNA基因阳性。

16. 与弓形虫病的鉴别

（1）相似点　发热；呼吸道症状；皮肤发绀；神经症状。

（2）不同点　猪链球菌病料分离纯化细菌为革兰氏阳性、球菌，PCR检测呈猪链球菌16S rRNA基因阳性。弓形虫病是一种人畜共患原虫病，猫是弓形虫的终末宿主。病料可检出滋养体与包囊；弓形虫病间接血凝试验（IHA）检测被检血清呈阳性；巢式PCR、实时定量PCR方法检测弓形虫的 B1 基因呈阳性。

17. 与猪滑液支原体关节炎的鉴别

（1）相似点　关节炎。

（2）不同点　猪链球菌病料分离纯化细菌为革兰氏阳性、球菌，PCR检测呈猪链球菌16S rRNA基因阳性。猪滑液支原体关节炎病料经实时定量PCR方法检测呈猪滑液支原体阳性。

18.与猪食盐中毒的鉴别

（1）相似点　神经症状。

（2）不同点　猪链球菌病（脑膜炎型）具有传染性，表现为发热。病料分离纯化细菌为革兰氏阳性、球菌，PCR检测呈猪链球菌16S rRNA基因阳性。食盐中毒病猪有吃过量食盐史，体温正常或稍偏高，无传染性。

19.与仔猪低血糖症的鉴别

（1）相似点　神经症状。

（2）不同点　仔猪低血糖症的主要原因是仔猪出生后吮乳不足。根据母猪饲养管理不良、产后少乳或无乳，发病仔猪的临诊症状，尸体剖检变化及应用葡萄糖治疗的疗效能做出诊断。

20.与猪硒缺乏症的鉴别

（1）相似点　神经症状；肝脏损伤。

（2）不同点　猪硒缺乏症属于营养代谢性疾病，根据临诊基本症候群，结合病史、病理变化及亚硒酸钠治疗效果等，可做出初步诊断。确诊需采血液做硒定量测定和谷胱甘肽过氧化物酶活性测定。

（七）防制方法

1.预防措施

加强饲养管理，注意环境卫生，经常对猪舍、用具进行消毒。健康猪可用猪链球菌弱毒菌苗或灭活苗接种。及时隔离、淘汰病猪。

2.治疗方法

初发病猪治疗可选用敏感抗菌药物，坚持连续用药和给足药量，否则易复发。对于病猪体表脓肿，初期可用5%碘酊或鱼石脂软膏外涂，已成熟的脓肿，局部用碘酊消毒后切开，挤尽脓汁后，用3%双氧水或0.1%高锰酸钾冲洗，再涂碘酊，为防止恶化，可用抗生素进行全身治疗。

九、猪传染性胸膜肺炎

猪传染性胸膜肺炎是由胸膜肺炎放线杆菌引起猪的一种重要细菌性呼吸道传染病，以急性出血性纤维素性胸膜肺炎和慢性纤维素性坏死性胸膜肺炎为特征。

（一）病原

胸膜肺炎放线杆菌为革兰氏阴性小球杆菌，具有多形性。根据荚膜多糖分类，已发现12个血清型，我国以血清7型为主，2型、4型、5型、10型也存在。

（二）流行病学

各种年龄的猪均易感，多发于2～5月龄猪，多暴发于高密度饲养、通风不良且无免疫力的断奶或育成猪群。该病主要经空气传播和猪与猪之间直接接触感染，有明显的季节性，4～5月和9～11月多发。

视频 2-8

育肥猪呈犬坐姿势

（三）临床特征

1.最急性型

病猪体温41.5℃以上，沉郁，不食，轻度腹泻和呕吐，无明显的呼吸系统症状。后期呼吸高度困难，常呈犬坐姿势（视频2-8），张口伸舌，从口鼻流出泡沫样淡血色的分泌物（图2-65、图2-66），耳、鼻、四肢等部位皮肤呈蓝紫色（图2-67、图2-68），24～36小时死亡，个别幼猪死前见不到明显症状。病死率高达80%～100%。

图2-65 鼻孔见血样分泌物（一）
（陈立功供图）

图2-66 鼻孔见血样分泌物（二）
（陈立功供图）

图2-67 面部皮肤发绀

（张芳供图）

图2-68 腹部皮肤发绀

（张芳供图）

2.急性型

同舍和不同舍的许多猪患病，体温40.5～41℃，拒食，呼吸困难，咳嗽，心衰，部分病猪皮肤发红（视频2-9）。由于饲养管理及气候条件的影响，病程长短不定，可能转为亚急性型或慢性型。

3.亚急性型和慢性型

这两种类型多由前者转来，病猪不自觉地咳嗽或间歇性咳嗽，生长迟缓，异常呼吸，病程几日至一周，或治愈或症状进一步恶化。在慢性型猪群中常存在隐性感染的猪，一旦有其他病原体（猪肺炎支原体、巴氏杆菌等）经呼吸道感染，可使症状加重。

最初暴发该病时，怀孕母猪可见到流产，个别猪可发生关节炎、心内膜炎和不同部位的脓肿。

视频2-9

病猪皮肤充血

（四）病理变化

1.最急性型

病猪流血色鼻液（图2-69），气管和支气管充满泡沫样血色黏液性分泌物。病变多发于肺的前下部，在肺的后上部，特别是靠近肺门的主支气管周围，常有周界清晰的出血性实变区或坏死区。

2.急性型

肺炎多为两侧性，常发生于尖叶、心叶和膈叶的一部分。病灶区有出血、坏死灶，呈紫红色，切面坚实，轮廓清晰，间质积留血色胶样液体（图2-70），纤维素性胸膜炎明显（图2-71）。

图2-69　鼻孔流出大量血样分泌物
（赵茂华供图）

图2-70　急性型病猪肺淤血、出血
（陈立功供图）

图2-71　急性型病猪肺淤血、出血、有纤维素附着（陈立功供图）

3.亚急性型

肺脏见大的干酪样病灶或含有坏死碎屑的空洞。因继发细菌感染，肺炎病灶转变为脓肿，后者常与肋胸膜发生纤维素性粘连（图2-72）。

图2-72 亚急性型病猪肺脏表面大小不一的病灶（陈立功供图）

4.慢性型

膈叶常见大小不等的结节，其周围有较厚的结缔组织环绕。多数病例出现纤维素性胸膜炎，纤维素分泌物牢固地黏附在肺和胸壁上（图2-73）。

图2-73 慢性型病猪纤维素性分泌物牢固地黏附在肺和胸壁上（陈立功供图）

（五）实验室诊断

该病发生突然，传播迅速，伴有高热和严重呼吸困难，死亡率高。死后剖检见肺脏和胸膜有特征性的纤维素性坏死性和出血性肺炎、纤维素性胸膜肺炎；慢性病例剖检可见肺脏有界线明显的硬化灶，同时有胸膜炎和心包炎病变，据此可做出初步诊断。确诊则需要进行细菌学和血清学等检查。

（六）类似病症鉴别

该病要与猪繁殖与呼吸综合征、猪圆环病毒2型感染、伪狂犬病、猪流行性感冒、脑心肌炎、猪炭疽、猪丹毒、猪巴氏杆菌病、仔猪副伤寒、猪链球菌病、副猪嗜血杆菌病、弓形虫病、猪滑液支原体关节炎等相鉴别。

1. 与猪繁殖与呼吸综合征的鉴别

相关内容见"第一章 猪病毒病的类症鉴别"中"四、猪繁殖与呼吸综合征"。

2. 与猪圆环病毒2型感染的鉴别

相关内容见"第一章 猪病毒病的类症鉴别"中"五、猪圆环病毒2型感染"。

3. 与伪狂犬病的鉴别

相关内容见"第一章 猪病毒病的类症鉴别"中"六、伪狂犬病"。

4. 与猪流行性感冒的鉴别

相关内容见"第一章 猪病毒病的类症鉴别"中"九、猪流行性感冒"。

5. 与猪流行性乙型脑炎的鉴别

相关内容见"第一章 猪病毒病的类症鉴别"中"十三、猪流行性乙型脑炎"。

6. 与猪炭疽的鉴别

相关内容见"第二章 猪细菌病的类症鉴别"中"一、猪炭疽"。

7. 与猪丹毒的鉴别

相关内容见"第二章 猪细菌病的类症鉴别"中"四、猪丹毒"。

8. 与猪巴氏杆菌病的鉴别

相关内容见"第二章 猪细菌病的类症鉴别"中"五、猪巴氏杆菌病"。

9. 与仔猪副伤寒的鉴别

相关内容见"第二章 猪细菌病的类症鉴别"中"六、仔猪副伤寒"。

10. 与猪链球菌病的鉴别

相关内容见"第二章 猪细菌病的类症鉴别"中"八、猪链球菌病"。

11. 与副猪嗜血杆菌病的鉴别

（1）相似点　发热；呼吸道症状。

（2）不同点　副猪嗜血杆菌病病猪病料和细菌分离培养物镜检见革兰氏阴性杆菌，具有多形性；进一步经PCR方法检测呈副猪嗜血杆菌16S rRNA基因阳性。

12. 与弓形虫病的鉴别

（1）相似点　发热；呼吸道症状；皮肤发绀。

（2）不同点　弓形虫病是一种人畜共患原虫病，猫是弓形虫的终末宿主。病料可检出滋养体与包囊；弓形虫病间接血凝试验（IHA）检测被检血清呈阳性；巢式PCR或实时定量PCR方法检测弓形虫的$B1$基因呈阳性。

13. 与猪滑液支原体关节炎的鉴别

（1）相似点　关节炎。

（2）不同点　猪滑液支原体关节炎病料经实时定量PCR方法检测呈猪滑液支原体阳性。

（七）防制方法

1.预防措施

预防该病应采取良好的兽医生物安全措施，加强饲养管理，减少应激因素，创造良好的环境；接种灭活疫苗；淘汰阳性猪，建立净化猪群。

2.治疗方法

发病时应及时隔离病猪，治疗可选用大观霉素等敏感药物。

十、副猪嗜血杆菌病

副猪嗜血杆菌病是由副猪嗜血杆菌引起猪以多发性浆膜炎和关节炎为特征的细菌性传染病，主要引起以肺浆膜、心包、腹腔浆膜和四肢关节浆膜的纤维素性炎为特征的呼吸道综合征。该病日趋流行，危害日渐严重，应引起各方重视。

（一）病原

副猪嗜血杆菌为革兰氏阴性杆菌，具有多形性（图2-74），镜下可见单个的球杆状或长的、细长的及丝状菌体。其有15个血清型，在我国4型、5型和13型最常见。

（二）流行病学

该病主要感染仔猪，断奶后10天左右多发。病猪和带菌猪是主要传染源，主要通过空气经呼吸道感染健康猪。该病的发生与猪支原体肺炎日趋流行，猪繁殖与呼吸综合征病毒、猪流感病毒等感染有关。

图2-74　副猪嗜血杆菌（革兰氏染色，1000×）（陈立功供图）

（三）临床特征

该病多发生于被猪繁殖与呼吸综合征病毒和猪肺炎支原体感染猪场的仔猪，多呈继发和混合感染，其临床症状缺乏特征性。单一感染副猪嗜血杆菌仔猪，2～5天发病，体温40℃以上，精神沉郁（视频2-10），食欲不佳，关节肿胀（视频2-11）、疼痛，起立困难（图2-75），一侧性跛行。驱赶时患猪发出尖叫声，侧卧或颤抖，共济失调。病猪逐渐消瘦（图2-76、图2-77），被毛粗糙，起立采食或饮水时频频咳嗽，咳出气管内的分泌物吞入胃内，鼻孔周围附有脓性分泌物，同时并有呼吸困难症状，出现腹式呼吸（视频2-11），而且呼吸频率加快，心率加快、节律不齐，可视黏膜发绀，最后因窒息和心衰死亡。

视频 2-10

病猪精神沉郁、
反应迟钝、消瘦

视频 2-11

病猪后肢趾关节肿胀，
伴有腹式呼吸

图2-75　病猪关节肿胀
（陈立功供图）

图2-76 病猪消瘦（肖娜供图）

图2-77 发病仔猪严重消瘦
（陈立功供图）

（四）病理变化

全身淋巴结肿大，切面为灰白色。病猪早期见心包积液（图2-78）；后期胸膜、腹膜、心包膜以及关节的浆膜出现纤维素性炎，表现为单个或多个浆膜有浆液性或化脓性的纤维蛋白渗出物，外观淡黄色蛋皮样的薄膜状的伪膜附着在肺胸膜（图2-79）、肋胸膜（图2-80）、心包膜（图2-81）、肝（图2-82）、脾（图2-83）、腹腔（图2-84、图2-85）、肠以及关节（图2-86、图2-87）等器官表面，或呈条索状纤维素性膜。

图2-78 病猪心包积液（肖娜供图）

图2-79 肺纤维素性炎（陈立功供图）

图2-80 肋胸膜附有纤维素性渗出物（陈立功供图）

图2-81　纤维素性心包炎（陈立功供图）

图2-82　肝脏表面附有纤维素性渗出物（陈立功供图）

图2-83　脾脏表面附有纤维素性渗出物（陈立功供图）

图2-84 病猪腹腔见大量纤维素样
分泌物（肖娜供图）

图2-85 病猪腹腔见大量纤维素样
分泌物和浑浊的液体（肖娜
供图）

图2-86 皮下和关节具有纤维素性
渗出物（陈立功供图）

图2-87 病猪关节见纤维素性黏稠分泌物（肖娜供图）

（五）实验室诊断

根据流行特点、临床症状、病理特征，一般可做出诊断，确诊需进行细菌学（图2-88）和PCR（图2-89）检测。

图2-88 纯培养的副猪嗜血杆菌（陈立功供图）

图2-89 PCR检测副猪嗜血杆菌阳性结果（陈立功供图）

（六）类似病症鉴别

该病应注意与猪繁殖与呼吸综合征、伪狂犬病、猪流行性感冒、猪巨细胞病毒感染、猪链球菌病、猪传染性胸膜肺炎、猪支原体肺炎、猪滑液支原体关节炎、猪食盐中毒、猪中暑、仔猪低血糖症、猪硒缺乏症等相鉴别。

1.与猪繁殖与呼吸综合征的鉴别

相关内容见"第一章 猪病毒病的类症鉴别"中"四、猪繁殖与呼吸综合征"。

2.与伪狂犬病的鉴别

相关内容见"第一章 猪病毒病的类症鉴别"中"六、伪狂犬病"。

3.与猪流行性感冒的鉴别

相关内容见"第一章 猪病毒病的类症鉴别"中"九、猪流行性感冒"。

4.与猪巨细胞病毒感染的鉴别

相关内容见"第一章 猪病毒病的类症鉴别"中"十八、猪巨细胞病毒感染"。

5.与猪链球菌病的鉴别

相关内容见"第二章 猪细菌病的类症鉴别"中"八、猪链球菌病"。

6.与猪传染性胸膜肺炎的鉴别

相关内容见"第二章 猪细菌病的类症鉴别"中"九、猪传染性胸膜肺炎"。

7.与猪支原体肺炎的鉴别

（1）相似点　呼吸道症状。

（2）不同点　副猪嗜血杆菌病以多发性浆膜炎和关节炎为特征；病料或细菌分离培养物经镜检见革兰氏阴性、多形性细菌；进一步经PCR方法检测呈副猪嗜血杆菌16S rRNA基因阳性。猪支原体肺炎慢性病例连续咳嗽多发生于早晨活动和喂食过程中；常见心叶和尖叶对称性的肉样或虾样实变；病原体为猪肺炎支原体；病料经PCR方法检测呈猪肺炎支原体膜蛋白基因阳性。

8.与猪滑液支原体关节炎的鉴别

（1）相似点　关节炎。

（2）不同点　副猪嗜血杆菌病以多发性浆膜炎和关节炎为特征；病料或细菌分离培养物经镜检见革兰氏阴性、多形性细菌；进一步经PCR方法检测呈副猪嗜血杆菌16S rRNA基因阳性。猪滑液支原体关节炎病料经实时定量PCR方法检测呈猪滑液支原体阳性。

9.与猪食盐中毒的鉴别

（1）相似点　神经症状。

（2）不同点　副猪嗜血杆菌病以多发性浆膜炎和关节炎为特征；病料或细菌分离培养物经镜检见革兰氏阴性、多形性细菌；进一步经PCR方法检测呈副猪嗜血杆菌16S rRNA基因阳性。食盐中毒病猪有吃过量食盐史，体温正常或稍偏高，无传染性。

10.与猪中暑的鉴别

（1）相似点　神经症状。

（2）不同点　猪中暑多发生于夏季，发病主要集中在中午至下午。其多因日光照射过于强烈且湿度较高；或猪受日光照射时间长；或猪圈狭小且不通风，饲养密度过大；或长途运输时运输车厢狭小，过分拥挤，通风不良等导致。

11. 与仔猪低血糖症的鉴别

（1）相似点　神经症状。

（2）不同点　仔猪低血糖症的主要原因是仔猪出生后吮乳不足。根据母猪饲养管理不良、产后少乳或无乳，发病仔猪的临诊症状，尸体剖检变化及应用葡萄糖治疗的疗效能做出诊断。

12. 与猪硒缺乏症的鉴别

（1）相似点　神经症状。

（2）不同点　猪硒缺乏症属于营养代谢性疾病，根据临诊基本症候群，结合病史、病理变化及亚硒酸钠治疗效果等，可做出初步诊断。确诊需采血液做硒定量测定和谷胱甘肽过氧化物酶活性测定。

（七）防制方法

1. 预防措施

严格消毒，彻底清理猪舍卫生。加强饲养管理，以增强机体抵抗力，减少应激反应。因副猪嗜血杆菌血清型很多，目前尚无一种灭活疫苗能同时对所有的致病菌株产生交叉免疫力。用副猪嗜血杆菌多价灭活苗，或用自家苗能取得较好效果。初免猪产前40天一免，产前20天二免。经免猪产前30天免疫一次即可。受该病严重威胁的猪场，仔猪应考虑免疫，根据猪场发病日龄推断免疫时间，仔猪免疫一般安排在7～30日龄内进行，间隔2周后加强免疫一次，二免距发病时间要有10天以上的间隔。

2. 治疗方法

为控制该病的发生发展和防止耐药菌株的出现，应进行药敏试验，科学使用抗菌药物。

十一、猪传染性萎缩性鼻炎

猪传染性萎缩性鼻炎是一种由支气管败血波氏杆菌单独或与产毒的多杀性巴氏杆菌联合引起的猪呼吸道性慢性传染病，以猪鼻甲骨萎缩、鼻部变形及生长迟滞为主要特征。

（一）病原

产毒的多杀性巴氏杆菌是主要病原，为革兰氏阴性球杆菌或小杆菌。该菌有三个菌相，病原体主要是I相菌株，血清型多为D型，少数为A型。

（二）流行病学

各种年龄猪均易感，其中2～5月龄猪多发，只有生后几天至几周的仔猪感染后才会出现鼻甲骨萎缩，较大的猪发生卡他性鼻炎和咽炎，成年猪多为隐性感染。病猪和带菌猪是主要的传染源，主要是空气中的飞沫经呼吸道感染，带菌母猪可将该病传给仔猪。猪舍潮湿，饲料中缺乏蛋白质、维生素、矿物质时，可促进该病的发生。

（三）临床特征

病仔猪表现打喷嚏，鼻孔流浆液性或脓性分泌物，或分泌物中含有血液，不时拱地或摩擦鼻部。病猪时常流泪，形成"泪斑"（图2-90）。少数病猪可自愈。发病3～4周后，鼻甲骨开始萎缩，甚至鼻和面部变形（图2-91）。

图2-90　眼角形成泪斑，呈半月状
（陈立功供图）

图2-91　病猪"歪鼻子"
（陈立功供图）

（四）病理变化

剖检病变仅限于鼻腔的邻近组织，最有特征的变化是鼻腔的软骨和骨组织的软化和萎缩，主要是鼻甲骨萎缩，特别是鼻甲骨的下卷曲最为常见。当鼻甲骨萎缩时，卷曲变小而钝直，甚至消失，使鼻腔变成一个鼻道，鼻中隔弯曲，鼻黏膜常有黏脓性或干酪性分泌物。

（五）实验室诊断

对于典型的病例，可根据临床症状、病理变化做出诊断。但在该病的早期、典型症状尚未出现之前，需要进行病原学检查和血清学检测。

（六）类似病症鉴别

该病要与猪繁殖与呼吸综合征、伪狂犬病、猪巨细胞病毒感染、猪炭疽、仔猪副伤寒、猪链球菌病、猪传染性胸膜肺炎等相鉴别。

1.与猪繁殖与呼吸综合征的鉴别

相关内容见"第一章 猪病毒病的类症鉴别"中"四、猪繁殖与呼吸综合征"。

2.与伪狂犬病的鉴别

相关内容见"第一章 猪病毒病的类症鉴别"中"六、伪狂犬病"。

3.与猪巨细胞病毒感染的鉴别

相关内容见"第一章 猪病毒病的类症鉴别"中"十八、猪巨细胞病毒感染"。

4.与猪炭疽的鉴别

相关内容见"第二章 猪细菌病的类症鉴别"中"一、猪炭疽"。

5.与仔猪副伤寒的鉴别

相关内容见"第二章 猪细菌病的类症鉴别"中"六、仔猪副伤寒"。

6.与猪链球菌病的鉴别

相关内容见"第二章 猪细菌病的类症鉴别"中"八、猪链球菌病"。

7.与猪传染性胸膜肺炎的鉴别

相关内容见"第二章 猪细菌病的类症鉴别"中"九、猪传染性胸膜肺炎"。

（七）防制方法

1.预防措施

引进猪时做好检疫、隔离，淘汰阳性猪。同时改善环境卫生，消除应激因素，猪舍每周消毒2次。常发区可应用猪传染性萎缩性鼻炎油佐剂二联灭活菌苗，妊娠母猪应产前25～40天一次颈部皮下注射2毫升，仔猪于4周龄及8周龄各注射0.5毫升。

2.治疗方法

治疗可使用青霉素、链霉素等药物，或根据药敏试验结果，科学使用抗生素。

十二、放线菌病

放线菌病是猪、牛、马和人的一种慢性肉芽肿性传染病，特征是在头、颈、下颌、舌等部位发生放线菌肿。猪呈散发性。

（一）病原

放线菌，革兰氏染色阳性，在组织和培养基上呈丛状或栅栏样，不形成芽孢。在动物组织中能形成带有辐射状菌丝的颗粒状聚集物，外观似硫黄颗粒，呈灰色、灰黄色或微棕色，大小如别针头状，质地柔软或坚硬。

（二）流行病学

猪、牛、绵羊、山羊和人均易感。放线菌可寄生于健康动物的口腔、消化道、上呼吸道和皮肤，也存在于污染的土壤、饲料和饮水中。患病动物和带菌动物是该病的主要传染源。公猪是放线菌的携带者，6月龄或更大的公猪在包皮的憩室中隐藏有放线菌。该病主要通过破损的黏膜、皮肤感染。美洲、欧洲、亚洲和大洋洲（澳大利亚）都报道了猪放线菌与母猪泌尿道疾病有关。该病多呈散发性发生。

（三）临床特征

后备母猪或更小母猪可能突然死亡。母猪多于与公猪交配后的2～3周出现临床症状，或产仔后出现症状。发病轻微的仅见外阴损伤；发病严重的个体，表现口渴、弓背、血尿、脓尿，通常死亡。

体表病变可见于耳壳、乳腺等处。猪耳部发生放线菌病时，则见明显增大，其外形如肿瘤状，偶见软化。乳腺出现硬块，逐渐变成硬固的肿物，凸出表面或高低不平。

（四）病理变化

放线菌病可引起幼龄猪败血症；母猪尿道、膀胱和输尿管的黏膜表现卡他性、纤维素性、出血性或坏死性炎症；肾脏皮质见黄色变性区、髓质区见黑色坏死区。年龄较大的猪还可发生关节炎、肺炎、皮下脓肿及化脓性炎症。体表病理变化主要以软组织放线菌肿（图2-92）为主，呈瘤样状，无热痛，切面内层为肉芽组织，中心有黏稠、无臭的脓汁，外层为较厚的结缔组织。

图2-92 放线菌引起的猪耳部化脓性肉芽肿（固定标本）
（陈立功供图）

（五）实验室诊断

根据临床症状和病理剖检通常不难做出初步诊断；确诊必须结合实验室检查的结果进行综合分析后判断。

（六）类似病症鉴别

该病要与猪链球菌病（化脓性淋巴结炎型）、坏死杆菌病、葡萄球菌性肉芽肿、耳血肿等相鉴别。

1.与猪链球菌病（化脓性淋巴结炎型）的鉴别

（1）相似点　局部肿块。

（2）不同点　猪链球菌病病料分离纯化细菌为革兰氏阳性、球菌，PCR检测呈猪链球菌16S rRNA基因阳性。

2.与坏死杆菌病的鉴别

（1）相似点　皮下炎症。

（2）不同点　坏死杆菌病病料或分离纯化细菌经PCR检测呈坏死杆菌16S rRNA基因阳性。

3.与葡萄球菌性肉芽肿的鉴别

（1）相似点　皮下炎症。

（2）不同点　葡萄球菌性肉芽肿病猪病料分离纯化细菌为革兰氏阳性、球菌，PCR检测呈葡萄球菌16S rRNA基因阳性。

4.与耳血肿的鉴别

（1）相似点　耳部肿胀。

（2）不同点　耳部放线菌肿是放线菌感染引起的，具有传染性。耳血肿是在外力作用下，耳部血管破裂，血液积聚于耳郭皮肤与耳软骨之间形成的肿胀。

（七）防制方法

防止伤口发生，如发现有外伤时，及时进行处理。硬结用外科手术摘除；若有瘘管形成，要连同瘘管彻底切除，然后用碘酊纱布填塞，24～48小时更换一次直到伤口愈合，同时肌注青霉素或链霉素等抗生素。

十三、坏死杆菌病

坏死杆菌病是由坏死梭杆菌引起的多种哺乳动物和禽类的一种慢性传染病。其特征为多种组织坏死（尤其是皮肤、皮下组织和消化道黏膜），在内脏形成转移性坏死灶。

（一）病原

坏死杆菌属拟杆菌科梭杆菌属，革兰氏染色阴性，该菌严格厌氧，能产生内毒素和外毒素。

（二）流行病学

多种动物和野生动物均易感。幼畜较成年畜易感。该菌是多种动物消化道的一种共生菌，家畜的粪便和被污染的饲料、饮水等有该菌存在。传播途径主要是损伤的皮肤、黏膜，可经血流散至全身。猪舍潮湿，护蹄不良，小猪牙齿生长过度而引起的母猪乳头损伤等都是诱发该病的因素。该病多散发，偶尔呈地方流行性。

（三）临床症状与病理特征

按发病的部位不同，临床上分为四种类型。

1.坏死性皮炎

仔猪和架子猪耳（图2-93）、颈部、体侧（图2-94）的皮肤坏死，或尾、乳房和四肢（图2-95）处皮肤坏死。其以体表皮肤和皮下发生坏死和溃疡为特征。

图2-93　猪耳部皮肤坏死（陈立功供图）

图2-94　猪体侧皮肤坏死（陈立功供图）

图2-95　猪右前肢皮肤坏死、蹄匣脱落（陈立功供图）

2.坏死性口炎

病猪食欲消失，全身衰弱，经5～20天死亡。口腔黏膜红肿，唇、舌、咽、齿龈等黏膜和附近的组织见灰白色或灰褐色粗糙、污秽的伪膜，伪膜下为溃疡。

3.坏死性肺炎

病猪呼吸困难、咳嗽、流脓性鼻涕。肺发生液化性坏死，在肺胸膜与肋胸膜发生纤维素性炎，并形成白色的伪膜。

4.坏死性肠炎

其常与猪瘟、仔猪副伤寒等病并发或继发。病猪消瘦、严重腹泻，粪便中带有血液、脓汁或肠黏膜坏死碎片，恶臭。

（四）实验室诊断

根据流行特点、临床症状、病理变化可做出初步诊断。确诊需进行实验室诊断。

（五）类似病症鉴别

该病要与猪痘、猪水疱病、猪渗出性皮炎、猪疥螨病、猪皮肤真菌病等相鉴别。

1.与猪痘的鉴别

相关内容见"第一章 猪病毒病的类症鉴别"中"八、猪痘"。

2.与猪水疱病的鉴别

相关内容见"第一章 猪病毒病的类症鉴别"中"十七、猪水疱病"。

3.与猪渗出性皮炎的鉴别

（1）相似点　皮炎。
（2）不同点　猪渗出性皮炎病猪病料分离纯化细菌为革兰氏阳性、球菌，PCR检测呈葡萄球菌16S rRNA基因阳性。

4.与猪疥螨病的鉴别

（1）相似点　皮炎。
（2）不同点　猪疥螨病检查需刮取患部与健部交界处皮屑，镜检可见疥螨虫体和虫卵。

5.与猪皮肤真菌病的鉴别

（1）相似点　皮炎。
（2）不同点　取猪皮肤真菌病病猪组织制片，镜检常能见到真菌。

（六）防制方法

1.预防措施

要注意保持猪舍干燥，该病的预防关键在于避免皮肤、黏膜损伤，保持圈舍、环境用具的清洁与干燥。粪便应进行发酵处理。

2.治疗方法

① 发现病猪，及时隔离；消毒或烧毁受污染的用具、垫草、饲料。

② 治疗。以局部治疗为主，配合全身疗法。坏死性皮炎病猪，先用0.1%高锰酸钾或3%双氧水冲洗患部，彻底清除坏死组织，然后选用下列任何一种方法治疗：a.撒消炎粉于创面；b.涂擦10%甲醛溶液，直至创面呈黄白色；c.涂擦高锰酸钾粉；d.将烧开的植物油趁热灌入创内，隔天1次，连用2～3次。

③ 坏死性口炎病猪，应先除去伪膜，用0.1%高锰酸钾冲洗，涂擦碘甘油，每天2次至痊愈。

④ 坏死性肠炎病猪宜口服抗生素或磺胺类药物。

⑤ 全身疗法既可控制该病的发展，又可防止继发感染。可选用四环素、磺胺类等敏感药物注射，必要时，施以强心、解毒、补液等措施对症治疗。

十四、猪梭菌性肠炎

猪梭菌性肠炎亦称猪坏死性肠炎、仔猪红痢，是由C型产气荚膜梭菌引起新生仔猪的肠毒血症。其特征是出血性下痢、肠黏膜坏死、病程短，死亡率高。

（一）病原

病原主要是C型产气荚膜梭菌，近年来A型、B型产气荚膜梭菌也可导致相似的疾病。该菌为革兰氏染色阳性、有荚膜、不运动的厌氧大杆菌。

（二）流行病学

该病主要侵害1～3日龄的仔猪，1周龄以上仔猪很少发病。该细菌存在于人畜肠道、土壤、下水道和尘埃中，特别是发病猪群母猪肠道，可随粪便排出，污染母猪的乳头及垫料，经消化道感染。在同一猪群内各窝仔猪的发病率相差很大，病死率一般为20%～70%，最高可达100%。

（三）临床特征

1.最急性型

仔猪生后第1日发病，突然排血便，后躯沾满血样稀便，病猪衰弱无力，1～2日死亡。少数仔猪没有排血痢便昏倒死亡。

2.急性型

病猪排出含有灰色坏死组织碎片的红褐色液状稀便。病猪消瘦、虚弱，多在第3天死亡。

3.亚急性型

病猪呈持续性腹泻，病初排黄色软便，后变为液状，内含灰色坏死组织碎片。病猪极度脱水消瘦，生后5～7天死亡。

4.慢性型

病猪在1周以上时间呈间歇性或持续性腹泻，粪便为黄灰色，带黏液，污染会阴和尾部。病猪渐渐脱水、消瘦，生长停滞，几周后死亡。

（四）病理变化

病变主要局限于消化道，可见胃肠黏膜及黏膜下层有广泛性出血，肠腔内充满暗红色的液体（图2-96、图2-97），肠黏膜弥漫性出血。肠系膜淋巴结暗红色。病程稍长病例，特征病变为坏死性肠炎，黏膜表面附着灰黄色坏死性假膜，易被剥离，肠内容物暗红色，坏死肠管透过浆膜可见小米粒大的气泡。心肌苍白、心外膜点状出血。肾脏灰白色，皮质部见点状出血，膀胱黏膜点状出血。

图2-96　**小肠充满暗红色液体（一）**（肖娜供图）

图2-97　**小肠充满暗红色液体（二）**（陈立功供图）

（五）实验室诊断

根据临床症状、剖检病变可做初步诊断。必要时应依靠实验室的细菌学检查或毒素检测试验进行确诊。

（六）类似病症鉴别

该病要与猪传染性胃肠炎、猪流行性腹泻、猪轮状病毒病、猪大肠杆菌病、猪增生性肠炎、猪毛首线虫病、猪痢疾、猪霉菌性肺炎等相鉴别。

1. 与猪传染性胃肠炎的鉴别

相关内容见"第一章 猪病毒病的类症鉴别"中"十、猪传染性胃肠炎"。

2. 与猪流行性腹泻的鉴别

相关内容见"第一章 猪病毒病的类症鉴别"中"十一、猪流行性腹泻"。

3. 与猪轮状病毒病的鉴别

相关内容见"第一章 猪病毒病的类症鉴别"中"十二、猪轮状病毒病"。

4. 与猪大肠杆菌病的鉴别

相关内容见"第二章 猪细菌病的类症鉴别"中"七、猪大肠杆菌病"。

5. 与猪增生性肠炎的鉴别

（1）相似点　病猪排血便。

（2）不同点　猪增生性肠炎的病原为胞内劳森氏菌，是一种严格细胞内生长的细菌，呈小弯曲形、逗点形、S形，或为直的杆菌，革兰氏染色阴性，抗酸染色阳性。

6. 与猪毛首线虫病的鉴别

（1）相似点　病猪排血便。

（2）不同点　猪毛首线虫病是由猪毛首线虫寄生在猪大肠内引起的。生前诊断可用漂浮法检查虫卵；剖检时发现大量虫体也可确诊。

7. 与猪痢疾的鉴别

（1）相似点　病猪排血便。

（2）不同点　猪痢疾的病原为猪痢疾蛇形螺旋体，呈较缓的螺旋形，多为2～4个弯曲，形如双雁翅状，为厌氧菌，革兰氏染色阴性。

8. 与猪霉菌性肺炎的鉴别

（1）相似点　腹泻。

（2）不同点　猪梭菌性肠炎病原主要是C型产气荚膜梭菌，或为A型、B型产气荚膜梭菌，主要引发1～3日龄仔猪的出血性下痢。取肠内容进行革兰氏染色、镜检或根据毒素检查结果来确诊。猪霉菌性肺炎病理组织制片镜检常能见到真菌。

（七）防制方法

1.预防措施

预防该病必须严格实行综合卫生防疫措施，加强母猪的饲养管理，搞好圈舍及用具的卫生和消毒，产仔后的母猪，必须把乳头洗干净后，再给小猪喂奶。发病猪场，对怀孕母猪于临产前一个月和产前半个月，分别肌内注射仔猪红痢菌苗10毫升，使母猪产生较强的免疫力后，在其初乳中产生免疫抗体，初生仔猪吃到初乳后，可获得100%的保护力。或仔猪出生后注射抗仔猪红痢血清，每千克体重肌注3毫升，可获得充分保护。

2.治疗方法

发病后用抗菌药物治疗效果不佳。

十五、猪增生性肠炎

猪增生性肠炎，又称猪增生性出血性肠炎、猪回肠炎、猪坏死性肠炎、猪肠腺瘤样病等，是由胞内劳森氏菌引起猪的一种慢性肠道传染病。其特征为血痢、小肠及结肠出现慢性增生性肠炎，肠上皮细胞增生。

（一）病原

病原为胞内劳森氏菌，属脱疏弧菌科，是一种严格细胞内生长的细菌，呈小弯曲形、逗点形、S形，或为直的杆菌，由波状的3层膜作为外壁，无鞭毛，无柔毛，无运动能力，革兰氏染色阴性，抗酸染色阳性。

（二）流行病学

胞内劳森氏菌可感染猪、啮齿类动物、马、骆驼、狐狸、雪貂、短尾猴、兔和鸵鸟等。各种年龄和品种的猪都可感染，但6～20周龄白色品种猪较易感。该病主要通过消化道传播。病猪和带菌猪可持续带菌，通过粪便长期持续排菌，鼠类等动物也可将其体内的病原菌传染给猪，加速该病在猪群中的传播和扩散。天气变化、运输条件、饲养密度过大、不良卫生条件等应激因素均可促使猪群发病。

（三）临床特征

1.急性型

该类型较少见，病猪排黑色柏油样稀便（图2-98），突然死亡，有时在不表现粪便异常的情况下死亡，仅仅表现皮肤明显苍白（图2-99）。死亡率约为50%，未死亡的猪经较短的时间可痊愈。怀孕母猪可能发生流产，多数流产发生在急性临床症状出现后6天内。

2.亚临床型

感染猪体内有病原体存在，无明显症状或症状轻微，但生长速度慢、饲料转化率低。

图2-98　病猪排出的焦黑色粪便
（陈立功供图）

图2-99　病猪皮肤苍白
（张春立供图）

3.慢性型

该类型最常见，病猪精神沉郁，有不同程度的厌食和行动迟钝，间歇性下痢，粪便变软、变稀或呈糊状、水样，有时混有血液或坏死组织碎片，皮肤苍白，消瘦，生长迟缓。症状较轻及无继发感染的猪在发病4～6周后可康复，但有的猪则成为僵猪而淘汰。

（四）病理变化

急性型病猪肠腔内有大量暗红色血样内容物和凝血块。慢性病例呈增生性肠炎变化（图2-100）。病变多见于小肠末端50厘米和邻近结肠的上1/3处。剖检可见回肠、结肠前部和盲肠的肠管肿胀，肠管直径变粗，浆膜下和肠系膜水肿；回肠肠管外形变粗，肠壁增厚，肠壁浆膜面呈现明显的脑回样花纹；肠黏膜表面无光泽，有少量坏死组织碎片；肠系膜淋巴结肿大，颜色变浅，切面多汁。

图2-100　回肠黏膜呈皱襞状肥厚（固定标本）（陈立功供图）

（五）实验室诊断

根据临床症状、剖检病变可做初步诊断。对病变肠段进行组织学检查，见到肠黏膜不成熟的细胞明显增生有助于诊断。切片应用镀银染色法，可显示在增生性肠腺瘤细胞的胞浆顶端有大量的弧状菌体。或用PCR技术进行诊断。

（六）类似病症鉴别

该病要与猪传染性胃肠炎、猪流行性腹泻、猪轮状病毒病、仔猪副伤寒、猪大肠杆菌病、猪毛首线虫病、猪痢疾、猪霉菌性肺炎等相鉴别。

1.与猪传染性胃肠炎的鉴别

相关内容见"第一章 猪病毒病的类症鉴别"中"十、猪传染性胃肠炎"。

2.与猪流行性腹泻的鉴别

相关内容见"第一章 猪病毒病的类症鉴别"中"十一、猪流行性腹泻"。

3.与猪轮状病毒病的鉴别

相关内容见"第一章 猪病毒病的类症鉴别"中"十二、猪轮状病毒病"。

4.与仔猪副伤寒的鉴别

相关内容见"第二章 猪细菌病的类症鉴别"中"六、仔猪副伤寒"。

5.与猪大肠杆菌病的鉴别

相关内容见"第二章 猪细菌病的类症鉴别"中"七、猪大肠杆菌病"。

6.与猪毛首线虫病的鉴别

（1）相似点　病猪排血便。

（2）不同点　猪增生性肠炎病料或分离纯化细菌经PCR等分子生物学方法检测呈猪胞

内劳森氏菌16S rRNA基因阳性。猪毛首线虫病是由猪毛首线虫寄生在猪大肠内引起的；生前诊断可用漂浮法检查虫卵，剖检时发现大量虫体也可确诊。

7.与猪痢疾的鉴别

（1）相似点　病猪排血便。

（2）不同点　猪增生性肠炎病料或分离纯化细菌经PCR等分子生物学方法检测呈猪胞内劳森氏菌16S rRNA基因阳性。猪痢疾的病原为猪痢疾蛇形螺旋体，呈较缓的螺旋形，多为2～4个弯曲，形如双雁翅状，为厌氧菌，革兰氏染色阴性。

8.与猪霉菌性肺炎的鉴别

（1）相似点　腹泻。

（2）不同点　猪增生性肠炎病料或分离纯化细菌经PCR等分子生物学方法检测呈猪胞内劳森氏菌16S rRNA基因阳性。猪霉菌性肺炎病理组织制片镜检常能见到真菌。

（七）防制方法

1.预防措施

该病目前尚未有疫苗预防，应采取综合防制措施。加强检疫，避免从猪增生性肠炎阳性猪场引种。加强饲养管理，减少外界环境不良因素的应激，提高猪体的抵抗力。实行全进全出饲养制度。加强粪便管理，加强灭鼠等工作，切断传播途径。坚持严格的消毒制度，对猪场环境和猪舍定期使用碘类和季铵盐类消毒剂彻底消毒。流行期间和调运前或新购入猪只时应在饲料或饮水中添加泰妙菌素等药物预防。

2.治疗方法

病猪应及时隔离、治疗，常用药物有四环素、红霉素、青霉素、黏菌素和泰妙菌素等。

十六、猪渗出性皮炎

猪渗出性皮炎又称脂溢性皮炎或煤烟病，是由葡萄球菌引起的一种急性、接触性传染病，特征为全身油脂样渗出性皮炎。

（一）病原

病原为葡萄球菌，革兰氏染色阳性，呈圆球形，不形成芽孢和荚膜，常不规则成堆排列，形似葡萄串状（图2-101）。葡萄球菌不溶血，对环境的抵抗力较强，对消毒剂的抵抗力不强，一般的消毒剂均可杀灭。

（二）流行病学

该病主要侵害哺乳仔猪，尤其是刚出生3～5天的仔猪发病率高。病原菌分布广泛，空气、母猪皮肤和黏膜上均存在，主要通过接触传播和空气传播。该病传播很快，只要有一头仔猪发病，1～2天波及全窝，3～5天扩散到几窝或整座产仔舍。

图2-101　葡萄球菌（革兰氏染色，1000×）（陈立功供图）

（三）临床特征

最早为2日龄仔猪开始发病，最迟的为7日龄发病，3日龄前发病的仔猪一般从皮肤损伤处或无毛、少毛处（如嘴角、眼圈）出现皮炎（图2-102），表现为红色斑点和丘疹，持续1天左右破溃，然后向颊部、耳后蔓延（图2-103），经2～3天蔓延至全身。3日龄后发病的仔猪，症状一般从耳后开始，也表现为红色斑点和丘疹，然后向前、向后蔓延，很快遍布全身。病猪呈湿润浆液性皮炎，并形成鱼鳞性痂皮，有黏腻感（图2-104、图2-105），被毛轻轻一拔即连同皮肤一起拔掉，剥落痂皮后形成红色创面。病初食欲减退，部分病猪腹泻，排出黄白色或灰色便（与大肠杆菌混合感染），持续5天左右开始死亡。耐过猪生长发育不良，饲料报酬率低。

图2-102　早期眼睛周围皮肤病变
（张春立供图）

图2-103　皮炎蔓延至耳部

（张春立供图）

图2-104　皮肤黄褐色渗出物、潮湿、油腻（一）（陈立功供图）

图2-105　皮肤黄褐色渗出物、潮湿、油腻（二）（陈立功供图）

（四）病理变化

病猪有湿润浆液性皮炎、鱼鳞性痂皮，痂皮剥离后露出红色创面（图2-106），腹股沟淋巴结肿大、出血。

（五）实验室诊断

根据临床症状、剖检病变及该病只感染仔猪，母猪不发病，即可做出初步诊断。确诊应进行细菌学检查（图2-107）。

图2-106 痂皮剥离后露出红色创面

（陈立功供图）

图2-107 细菌培养结果

（陈立功供图）

（六）类似病症鉴别

该病要与猪痘、猪水疱病、坏死杆菌病、猪疥螨病、猪皮肤真菌病等相鉴别。

1.与猪痘的鉴别

相关内容见"第一章 猪病毒病的类症鉴别"中"八、猪痘"。

2.与猪水疱病的鉴别

相关内容见"第一章 猪病毒病的类症鉴别"中"十七、猪水疱病"。

3.与坏死杆菌病的鉴别

相关内容见"第二章 猪细菌病的类症鉴别"中"十三、坏死杆菌病"。

4.与猪疥螨病的鉴别

（1）相似点　皮炎。
（2）不同点　猪疥螨病检查需刮取患部与健部交界处皮屑，镜检可见疥螨虫体和虫卵。

5.与猪皮肤真菌病的鉴别

（1）相似点　皮炎。

（2）不同点　取猪皮肤真菌病病猪组织制片，镜检常能见到真菌。

（七）防制方法

1.预防措施

在注意保温的同时，适当通风。改善环境卫生和加强消毒的同时，保持舍内的干燥，同时保持设备完好无损，防止皮肤黏膜损伤是预防该病的关键。如发病期间，暂停断牙和注射牲血素。

2.治疗方法

采用内外结合用药的办法进行治疗。内用主要是采用敏感的药物对初生的仔猪和所有发病的仔猪进行肌内注射，2～3次/天，同时外用红霉素软膏涂擦患部的皮肤。或用0.05%～0.1%高锰酸钾水浸泡发病仔猪身体1～2分钟，头部用药棉沾高锰酸钾水清洗病灶，擦干、晾干后涂龙胆紫。对初发少数病灶直接涂上龙胆紫，效果较好。

第三章　猪寄生虫病的类症鉴别

一、猪蛔虫病

猪蛔虫病是由猪蛔虫寄生于猪小肠引起的一种线虫病，各种规模猪场均可广泛发生该病。

（一）病原

猪蛔虫是寄生于猪小肠中最大的一种线虫。新鲜虫体为淡红色或淡黄色。虫体呈中间稍粗、两端较细的圆柱形。口孔位于头端，由三个唇片围绕；口孔后为食道，食道为肌肉构造，呈圆柱形。雄虫长15～25厘米，尾端向腹面弯曲，形似鱼钩；雌虫长20～40厘米，虫体较直，尾端稍钝（图3-1）。

图3-1　蛔虫的雄虫与雌虫
（王小波供图）

（二）流行病学

猪蛔虫病的流行很广，以3～5月龄的仔猪最易感，常严重影响仔猪的生长发育，甚至引起死亡。感染性虫卵被猪吞食后，经胃到小肠，并在小肠内孵化。幼虫破壳后钻入肠黏膜，开始在体内移行，在猪体内寄生7～12个月后，即自动离开小肠随粪便排出体外。

（三）临床特征

3～6月龄大的猪临床症状比较严重。病猪精神沉郁，食欲减退，体温升高，咳嗽，呼吸增快，生长受阻，表现全身性萎缩（图3-2、视频3-1）或全身性黄疸。

视频 3-1

病猪消瘦、被毛粗乱

191

图3-2　病猪头部被毛稀疏，皮肤粗糙
皱缩（陈立功供图）

视频 3-2

乳斑肝

（四）病理变化

　　肺组织致密，表面有大量出血斑。肝脏可见云雾状的乳斑
（图3-3、视频3-2）；食管（图3-4）、胃（图3-5）、肠道（图3-6、
图3-7）或胆管内（图3-8）可检出数量不等的蛔虫。

图3-3　乳斑肝（王小波供图）

图3-4　猪胃中蛔虫移行至食管
（陈立功供图）

图3-5　猪胃内蛔虫（陈立功供图）

图3-6　肠道内蛔虫（固定标本）
（王小波供图）

图3-7 猪蛔虫致肠道阻塞

（陈立功供图）

图3-8 胆管内蛔虫（王小波供图）

（五）实验室诊断

幼虫移行期诊断较难，可结合流行病学和临床上暴发性哮喘、咳嗽等症状综合分析。哺乳仔猪可将肺组织剪碎，用幼虫分离法检查可发现大量蛔虫幼虫。对2个月以上的仔猪，可用饱和盐水漂浮法检查虫卵。

（六）类似病症鉴别

该病要与猪繁殖与呼吸综合征、猪圆环病毒2型感染、伪狂犬病、猪毛首线虫病、猪附红细胞体病、新生仔猪溶血病、仔猪缺铁性贫血、猪硒缺乏症等相鉴别。

1.与猪繁殖与呼吸综合征的鉴别

相关内容见"第一章 猪病毒病的类症鉴别"中"四、猪繁殖与呼吸综合征"。

2.与猪圆环病毒2型感染的鉴别

相关内容见"第一章 猪病毒病的类症鉴别"中"五、猪圆环病毒2型感染"。

3.与伪狂犬病的鉴别

相关内容见"第一章 猪病毒病的类症鉴别"中"六、伪狂犬病"。

4.与猪毛首线虫病的鉴别

（1）相似点 病猪消瘦。

（2）不同点　猪蛔虫成虫与猪毛首线虫成虫虫体大小差异显著；两种寄生虫虫卵形态不一致（猪毛首线虫虫卵呈腰鼓状）。

5.与猪附红细胞体病的鉴别

（1）相似点　黄疸。

（2）不同点　猪蛔虫病胆管可发现蛔虫虫体。附红细胞体感染猪的抗凝血镜检可见红细胞变形为齿轮状、星芒状或不规则形。

6.与新生仔猪溶血病的鉴别

（1）相似点　黄疸。

（2）不同点　猪蛔虫病在胆管或小肠等部位可发现蛔虫虫体。新生仔猪溶血病属Ⅱ型超敏反应性免疫病；采母猪血清或初乳仔猪的红细胞做凝集试验，阳性者即可确诊。

7.与仔猪缺铁性贫血的鉴别

（1）相似点　消瘦；贫血。

（2）不同点　仔猪缺铁性贫血不具有传染性，据流行病学调查、临诊症状，红细胞计数、血红蛋白含量测定结果及特异性治疗（用铁制剂）疗效明显，即可做出诊断。

8.与猪硒缺乏症的鉴别

（1）相似点　神经症状；肝脏损伤。

（2）不同点　猪硒缺乏症属于营养代谢性疾病，根据临诊基本症候群，结合病史、病理变化及亚硒酸钠治疗效果等，可做出初步诊断。确诊需采血液做硒定量测定和谷胱甘肽过氧化物酶活性测定。

（七）防制方法

1.预防措施

定期对全群猪驱虫，保持猪舍、饲料和饮水的清洁卫生，猪粪便和垫草应在固定地点堆积发酵杀灭虫卵。

2.治疗方法

选用左旋咪唑或阿苯达唑内服，间隔7～14天重复用药一次效果更佳。

二、弓形虫病

弓形虫病是由弓形虫感染动物和人引起的一种人畜共患的原虫病。该病以高热、呼吸系统及神经系统症状为主要特征。

（一）病原

猫科动物是弓形虫的终末宿主。弓形虫在其生活史中分为5种形态，即速殖子（滋养体）（图3-9）、包囊、裂殖体、配子体和卵囊，其中速殖子和包囊是在中间宿主（人、猪、

图3-9 弓形虫速殖子呈香蕉状或新月状（瑞氏染色，1000×）
（王小波供图）

犬、猫等）体内形成，裂殖体、配子体和卵囊是在终末宿主（猫）体内形成。

（二）流行病学

猪吃了被卵囊或带虫动物的肉、内脏、分泌物等污染的饲料和饮水，经消化道感染。母猪还通过胎盘感染胎儿。该病一年四季均可发生，2～4月龄的猪发病率和死亡率较高，在新发病地区突然暴发流行，大小猪均可感染发病，死亡率可达20%～50%。

（三）临床特征

病猪体温40.5～42℃，高热稽留，呼吸急促，精神沉郁，食欲减少甚至废绝，喜饮水，伴有便秘或下痢，后肢无力，鼻镜干燥，被毛粗乱，结膜潮红。随着病程发展，耳、鼻、后肢股内侧和下腹部皮肤出现紫红色斑或间有出血点。后期呼吸极度困难，后躯摇晃或卧地不起，体温急剧下降而死亡。病程10～15天。怀孕母猪往往发生流产。耐过猪症状逐渐减轻，常遗留咳嗽、后躯麻痹、运动障碍、斜颈、癫痫样痉挛等神经症状。

（四）病理变化

肺水肿，小叶间质增宽，小叶间质充有半透明、胶冻样渗出物，肺切面、气管、支气管内有大量黏稠泡沫，表面散在分布坏死点（图3-10）。全身淋巴结出血、灰白色坏死，尤以肺门淋巴结、肠系膜淋巴结最为显著（图3-11）。肝肿胀，有灰白或灰黄色坏死灶（图3-12）。肾脏表面和切面见坏死点（图3-13）。脾脏淤血、肿大（图3-14）。心包、胸腔和腹腔有积水。镜检见全身淋巴结坏死、出血（图3-15），肺水肿和间质性肺炎（图3-16），非化脓性脑炎，肝脏局灶性坏死及炎症细胞浸润（图3-17），在坏死灶周围的巨噬细胞、淋巴窦内皮细胞和肺泡上皮细胞内可见数量不等的弓形虫速殖子（图3-18、图3-19）。

（五）实验室诊断

该病无特异性临床特征，应根据病理剖检变化、病原学和血清学检查做出确诊。

图3-10　肺脏间质增宽，表面散在分布坏死点（王小波供图）

图3-11　肠系膜淋巴结肿胀（王小波供图）

图3-12　肝脏坏死（王小波供图）

图3-13　肾脏表面可见大小不一灰白色坏死灶（王小波供图）

图3-14　脾脏肿大、淤血
（王小波供图）

图3-15　淋巴结坏死，组织内仅残存少量淋巴细胞（HE，400×）（王小波供图）

图3-16　肺水肿，间质增宽，炎症细胞浸润（HE，400×）（王小波供图）

图3-17　肝脏门管区淋巴细胞浸润（HE，400×）（王小波供图）

图3-18　淋巴结内弓形虫假包囊（IHC，400×）（王小波供图）

图3-19 肺泡壁浸润的巨噬细胞内弓形虫假包囊（IHC，400×）（王小波供图）

（六）类似病症鉴别

该病要与猪瘟、非洲猪瘟、猪繁殖与呼吸综合征、猪圆环病毒2型感染、伪狂犬病、猪细小病毒病、猪流行性感冒、猪流行性乙型脑炎、脑心肌炎、仔猪先天性震颤、猪巨细胞病毒感染、布鲁氏菌病、猪丹毒、猪巴氏杆菌病、猪链球菌病、猪传染性胸膜肺炎等相鉴别。

1. 与猪瘟的鉴别

相关内容见"第一章 猪病毒病的类症鉴别"中"一、猪瘟"。

2. 与非洲猪瘟的鉴别

相关内容见"第一章 猪病毒病的类症鉴别"中"二、非洲猪瘟"。

3. 与猪繁殖与呼吸综合征的鉴别

相关内容见"第一章 猪病毒病的类症鉴别"中"四、猪繁殖与呼吸综合征"。

4. 与猪圆环病毒2型感染的鉴别

相关内容见"第一章 猪病毒病的类症鉴别"中"五、猪圆环病毒2型感染"。

5. 与伪狂犬病的鉴别

相关内容见"第一章 猪病毒病的类症鉴别"中"六、伪狂犬病"。

6. 与猪细小病毒病的鉴别

相关内容见"第一章 猪病毒病的类症鉴别"中"七、猪细小病毒病"。

7. 与猪流行性感冒的鉴别

相关内容见"第一章 猪病毒病的类症鉴别"中"九、猪流行性感冒"。

8. 与猪流行性乙型脑炎的鉴别

相关内容见"第一章 猪病毒病的类症鉴别"中"十三、猪流行性乙型脑炎"。

9. 与脑心肌炎的鉴别

相关内容见"第一章 猪病毒病的类症鉴别"中"十四、脑心肌炎"。

10. 与仔猪先天性震颤的鉴别

相关内容见"第一章 猪病毒病的类症鉴别"中"十五、仔猪先天性震颤"。

11. 与猪巨细胞病毒感染的鉴别

相关内容见"第一章 猪病毒病的类症鉴别"中"十八、猪巨细胞病毒感染"。

12. 与布鲁氏菌病的鉴别

相关内容见"第二章 猪细菌病的类症鉴别"中"二、布鲁氏菌病"。

13. 与猪丹毒的鉴别

相关内容见"第二章 猪细菌病的类症鉴别"中"四、猪丹毒"。

14. 与猪巴氏杆菌病的鉴别

相关内容见"第二章 猪细菌病的类症鉴别"中"五、猪巴氏杆菌病"。

15. 与猪链球菌病的鉴别

相关内容见"第二章 猪细菌病的类症鉴别"中"八、猪链球菌病"。

16. 与猪传染性胸膜肺炎的鉴别

相关内容见"第二章 猪细菌病的类症鉴别"中"九、猪传染性胸膜肺炎"。

（七）防制方法

1. 预防措施

在猪场及周围应禁止养猫，并防止猫进入猪场。饲养员避免与猫接触。猪舍保持清洁卫生，定期消毒。母猪流产的胎儿及排泄物要就地深埋。但大部分消毒药对弓形虫卵囊无效，可用蒸汽或加热方法杀灭卵囊。

2. 治疗方法

治疗可选用磺胺嘧啶、磺胺-6-甲氧嘧啶、增效磺胺-5-甲氧嘧啶。

三、猪囊尾蚴病

猪囊尾蚴病又叫猪囊虫病，是由猪带绦虫的幼虫（猪囊尾蚴）寄生于猪的肌肉组织中引起的一种危害严重的人畜共患病。被猪囊尾蚴寄生的猪肉俗称米猪肉或豆猪肉。

（一）病原

猪囊尾蚴外观呈椭圆形、白色半透明的囊泡状（图3-20），（6～10）毫米×5毫米。囊壁内面有一小米粒大的白点，是凹入囊内的头节，头节上有4个吸盘，最前端的顶突上带有许多个小钩。

图3-20　**猪囊尾蚴**（王小波供图）

（二）流行病学

猪带绦虫寄生在人的小肠内，随粪便排出的孕节或虫卵，被猪吞食进入胃内，六钩蚴从卵中逸出，钻进肠壁，进入血流而达猪体内各部。到达肌肉后，停留下来开始发育，经过2～4个月形成包囊。人如果吃了生的或未煮熟的含有囊尾蚴的猪肉，即可感染猪带绦虫。

（三）临床特征

少数猪囊尾蚴寄生在猪体时，症状不显著。若眼睑、结膜下、舌等处都有寄生时，可见到局部肿胀。若舌有多数虫体寄生时，发生舌麻痹。咬肌寄生量多时，病猪面部增宽，颈部显得短。肩周部寄生量大时，出现前宽后窄。咽喉部受侵害时，病猪叫声嘶哑、吞咽困难。脑部有寄生时，病猪出现疼痛、狂躁、四肢麻痹等神经症状。

（四）病理变化

严重感染时肌肉苍白水肿、切面外翻、凹凸不平，肌肉（图3-21）、心肌（图3-22）、舌肌（图3-23）、脑、眼、肝、脾、肺内可见猪囊尾蚴。

（五）实验室诊断

该病的生前诊断比较困难，只有当其在舌部浅表寄生时，触诊可发现结节，但阴性者不能排除感染。近几年多采用猪囊尾蚴的囊液做成抗原，应用间接血细胞凝集反应或酶联免疫吸附试验进行生前诊断，其检出率可达到80%左右。死后诊断或宰后检验，在最容易发现虫体的咬肌、臀肌、腰肌等处剖检，当发现囊虫时，即可确诊。

（六）类似病症鉴别

该病要与猪住肉孢子虫病相鉴别。

图3-21　猪囊尾蚴寄生于肌肉（固定标本）（王小波供图）

图3-22　猪囊尾蚴寄生于心肌（固定标本）（王小波供图）

图3-23　猪囊尾蚴寄生于舌肌（固定标本）（陈立功供图）

与猪住肉孢子虫病的鉴别

（1）相似点　均寄生于猪的肌肉组织。

（2）不同点　猪住肉孢子虫病病猪肌肉组织中发现特异性包囊即可确诊；制作涂片时可取病变肌肉组织压碎，在显微镜下检查香蕉形的慢殖子，也可进行吉姆萨染色后观察；做切片时，可见到住肉孢子虫包囊壁上有辐射状棘突，包囊中有中隔。

（七）防制方法

1.预防措施

避免猪吃食人粪便。人粪便要经过发酵处理后再作肥料；加强市场屠宰检验，禁止出售带有囊尾蚴的猪肉；有成虫寄生的病人要进行驱虫治疗，杜绝病原的传播。要加强农贸市场的兽医卫生检验，接触过该病猪的手或用具要洗净，以防人感染猪带绦虫。

2.治疗方法

治疗可服用阿苯达唑和吡喹酮等药物。

四、猪细颈囊尾蚴病

猪细颈囊尾蚴病是细颈囊尾蚴寄生于猪的肝脏、浆膜、网膜及肠系膜等（严重感染时可寄生于肺脏），而引起的一种绦虫蚴病。

（一）病原

该病的病原体为犬和其他肉食动物的泡状带绦虫的蚴虫——细颈囊尾蚴。细颈囊尾蚴，俗称"水铃铛""水泡虫"，呈囊泡状，大小随寄生时间长短和寄生部位而不同，自豌豆大至小儿头大，囊壁乳白色半透明，内含透明囊液，透过囊壁可见一个向内生长而具有细长颈部的头节，故名细颈囊尾蚴。

（二）流行病学

该病的发生和流行与养犬有关，目前我国农村和乡镇养犬很多。屠宰过程中把寄生有细颈囊尾蚴的脏器喂犬，犬就很容易感染泡状带绦虫，成虫在犬小肠中寄生。又由于对犬不进行定期驱虫，同时对犬管理不严，任其到处活动，促使孕节及虫卵污染牧场、饲料和饮水。猪吞食虫卵后，释放出六钩蚴，六钩蚴随血流到达肠系膜和网膜、肝等处，发育为细颈囊尾蚴，从而造成该病的感染和流行。大小猪都可感染，特别对仔猪有较大的致病力。

（三）临床特征

成年猪一般无明显症状，只有个别猪感染特别严重时才出现临床特征。仔猪症状明显，表现为消瘦、贫血、黄疸和腹围增大等；伴发腹膜炎时，则病猪的体温升高，腹部明显增大，肚腹下坠，按压腹部有疼痛感；少数病例可因肝表面被细颈囊尾蚴破坏而引起肝被膜损伤进而导致内出血，出血量大时，病猪常因疼痛而突然大叫，随之倒地死亡。如胸腔和肺脏也有寄生可表现呼吸困难和咳嗽等症状。

（四）病理变化

急性病猪肝肿大、表面有出血点，急性腹膜炎，腹腔内有腹水并混有渗出的血液，其中含有幼小的虫体。慢性病例，在肝脏（图3-24～图3-26）、肠系膜（图3-27、图3-28）、网膜（图3-29）、肺脏和胸腔内中可找到虫体。寄生于实质脏器的虫体常被结缔组织包裹，有时甚至形成较厚的包膜。有的包膜内的虫体死亡钙化，此时常形成皮球样硬壳，破开后则见到许多黄褐色钙化碎片及淡黄或灰白色头颈残骸。

（五）实验室诊断

该病的生前诊断尚无有效的方法，主要依靠尸体剖检或宰后检验发现虫体即可确诊。

图3-24　猪肝脏表面的"水铃铛"（固定标本）（陈立功供图）

图3-25　细颈囊尾蚴致猪肝脏局部萎缩（陈立功供图）

图3-26　肝脏形成的囊泡
（陈立功供图）

图3-27　肠系膜上细颈囊尾蚴寄生，
周围形成包囊（陈立功供图）

图3-28　肠系膜上细颈囊尾蚴寄生，
周围形成包囊（切面）
（陈立功供图）

图3-29 网膜上的细颈囊尾蚴
（陈立功供图）

（六）类似病症鉴别

该病应与猪圆环病毒2型感染、猪棘球蚴病等相鉴别。

1.与猪圆环病毒2型感染的鉴别

相关内容见"第一章 猪病毒病的类症鉴别"中"五、猪圆环病毒2型感染"。

2.与猪棘球蚴病的鉴别

（1）相似点 猪细颈囊尾蚴与猪棘球蚴均可寄生于猪肝脏。

（2）不同点 棘球蚴囊壁厚而不透明，囊内有多个头节。

（七）防制方法

1.预防措施

对猪细颈囊尾蚴病的预防重点掌握两个关键环节。

一是禁止用寄生有细颈囊尾蚴的家畜内脏喂犬，防止犬感染泡状带绦虫，同时可应用吡喹酮对犬定期驱虫。并且要求严格管理，防止犬到处活动和进入猪圈舍，避免粪便污染牧草、饲料和饮水，还要消灭野犬。

二是猪要圈养，这样猪就吃不到野外的犬、狼、狐狸等肉食动物粪便中的虫卵，就可避免猪感染细颈囊尾蚴病。

2.治疗方法

目前尚无有效疗法，只能加强预防。

五、猪棘球蚴病

猪棘球蚴病是由细粒棘球绦虫的幼虫棘球蚴寄生于猪、牛、羊及人等肝、肺及其他脏器而引起的一种绦虫蚴病。棘球蚴呈包囊状，所以，其又称包虫病。

（一）病原

该病的病原体为犬等肉食动物的细粒棘球绦虫的中绦期蚴虫——棘球蚴。棘球蚴为一个近似球形的囊泡，大小不等，豌豆大至鸡蛋大；囊泡内充满淡黄色透明液体，即囊液。棘球蚴的囊壁由外层的角质膜和内层的生发膜组成，内层上可长出生发囊，生发囊的内壁上生成许多头节，生发囊和头节脱落后沉在囊液里，呈细沙状，故称"棘球沙"或"包囊沙"。细粒棘球绦虫卵在外界环境中可以长期生存，对化学物质也具有相当的抵抗力，直射阳光易使之致死。

（二）流行病学

在犬、猫等终末宿主体内的成虫孕卵节片可随粪便排出外界，散布在牧草或饮水里。猪等中间宿主随着吃草或饮水而遭受感染。虫卵在胃肠消化液的作用下，六钩蚴脱壳而出，穿过肠壁，随血流而至肝和肺，逐步发育为棘球蚴。犬、猫等吃了有棘球蚴的脏器而受到感染。

（三）临床特征

感染的初期通常无明显的临床特征。当虫体生长发展到一定阶段，寄生在肺时，发生呼吸困难、咳嗽、气喘及肺浊音区逐渐扩大等症状。寄生在肝时，最后多呈营养衰竭和极度虚弱。

（四）病理变化

剖检见棘球蚴常寄生于肝脏，病变轻时肝表面可见一个至数个大小不等的棘球蚴囊泡，病变严重时整个肝脏几乎全由棘球蚴囊泡取代，切面呈现蜂窝状的囊腔（图3-30），也可见到已钙化的棘球蚴或化脓灶。此外，棘球蚴也可寄生于心脏、肺脏、肾脏及脑等器官。

（五）实验室诊断

病猪的生前诊断较为困难，常用皮内试验法进行生前诊断。在死后剖检或宰后检验时

图3-30 猪棘球蚴病严重时的肝脏
（陈立功供图）

发现棘球蚴即可确诊。对人和动物也可用X线透视和超声进行诊断。

（六）类似病症鉴别

该病要与猪繁殖与呼吸综合征、伪狂犬病、猪细颈囊尾蚴病等相鉴别。

1.与猪繁殖与呼吸综合征的鉴别

相关内容见"第一章 猪病毒病的类症鉴别"中"四、猪繁殖与呼吸综合征"。

2.与伪狂犬病的鉴别

相关内容见"第一章 猪病毒病的类症鉴别"中"六、伪狂犬病"。

3.与猪细颈囊尾蚴病的鉴别

相关内容见"第三章 猪寄生虫病的类症鉴别"中"四、猪细颈囊尾蚴病"。

（七）防制方法

1.预防措施

要做好预防工作。禁止猫犬进入猪圈舍和到处活动，管理、处理好猫犬粪便，防止其污染牧草、饲料和饮水。猪要圈养，不放牧、不散放。屠宰动物发现内脏有棘球蚴寄生时，要销毁处理，严禁喂犬、喂猫。

2.治疗方法

该病尚无有效药物。

六、猪毛首线虫病

猪毛首线虫病是由猪毛首线虫寄生在猪盲肠内引起的一种线虫病。猪毛首线虫形似鞭子，故又称鞭虫。

（一）病原

猪毛首线虫呈乳白色，体前部（食道部）呈细长线状，约占虫体全长的2/3；体后部（体部）较粗短（图3-31）。雄虫（图3-32）后部呈螺旋状弯曲，体长为20～52毫米，尾部钝圆，有一根交合刺藏在具有很多小刺的刺鞘内。雌虫体长为39～53毫米。该虫卵黄褐色，呈腰鼓状（图3-33），两端有塞状构造，壳厚、光滑。

（二）流行病学

仔猪最易受感染，多雨、潮湿季节发病较多。卵随粪便排到外界，约经3周时间发育为感染性虫卵。虫卵随饲料及饮水被宿主吞食，幼虫在肠内脱壳而出，直接固着在大肠黏膜上，约经1个月发育为成虫。

图3-31　毛首线虫（王小波供图）

图3-32　毛首线虫雄虫（1000×）
（陈立功供图）

图3-33　毛首线虫虫卵（1000×）
（陈立功供图）

（三）临床特征

轻度感染的猪不显症状。严重感染时，病猪顽固性腹泻、粪便中带血和脱落的黏膜，贫血，消瘦，生长缓慢等，严重时可引起仔猪死亡。

（四）病理变化

严重感染时，盲肠和结肠黏膜有出血性坏死、水肿和溃疡，还可形成结节（图3-34）。病变部位发现数量不等的毛首线虫虫体（图3-35～图3-38）。

 图3-34 结肠浆膜见结节状坏死
（陈立功供图）

 图3-35 猪大肠黏膜充血，有毛首线虫寄生（一）
（陈立功供图）

 图3-36 猪大肠黏膜充血，有毛首线虫寄生（二）
（肖娜供图）

图3-37　猪盲肠内毛首线虫（固定标本）（王小波供图）

图3-38　猪结肠黏膜出血，有毛首线虫寄生（肖娜供图）

（五）实验室诊断

根据流行病学和临床特征怀疑为该病时，取粪便以饱和盐水漂浮法检查虫卵来确诊。

（六）类似病症鉴别

该病要与猪传染性胃肠炎、猪流行性腹泻、猪轮状病毒病、猪炭疽、仔猪副伤寒、猪大肠杆菌病、猪梭菌性肠炎、猪增生性肠炎、猪食道口线虫病、猪旋毛虫病、猪痢疾、猪霉菌性肺炎等相鉴别。

1.与猪传染性胃肠炎的鉴别

相关内容见"第一章 猪病毒病的类症鉴别"中"十、猪传染性胃肠炎"。

2.与猪流行性腹泻的鉴别

相关内容见"第一章 猪病毒病的类症鉴别"中"十一、猪流行性腹泻"。

3.与猪轮状病毒病的鉴别

相关内容见"第一章 猪病毒病的类症鉴别"中"十二、猪轮状病毒病"。

4.与猪炭疽的鉴别

相关内容见"第二章 猪细菌病的类症鉴别"中"一、猪炭疽"。

5.与仔猪副伤寒的鉴别

相关内容见"第二章 猪细菌病的类症鉴别"中"六、仔猪副伤寒"。

6.与猪大肠杆菌病的鉴别

相关内容见"第二章 猪细菌病的类症鉴别"中"七、猪大肠杆菌病"。

7.与猪梭菌性肠炎的鉴别

相关内容见"第二章 猪细菌病的类症鉴别"中"十四、猪梭菌性肠炎"。

8.与猪增生性肠炎的鉴别

相关内容见"第二章 猪细菌病的类症鉴别"中"十五、猪增生性肠炎"。

9.与猪食道口线虫病的鉴别

（1）相似点　猪毛首线虫成虫与猪食道口线虫成虫寄生部位相似（盲肠与结肠）；均引起猪消瘦。

（2）不同点　猪毛首线虫成虫比猪食道口线虫成虫长；前者虫体形似鞭子，虫卵呈腰鼓状。

10.与猪旋毛虫病的鉴别

（1）相似点　排血便。

（2）不同点　猪毛首线虫成虫寄生部位在大肠（盲肠与结肠）。猪旋毛虫成虫寄生部位在肌肉。

11.与猪痢疾的鉴别

（1）相似点　消瘦。

（2）不同点　猪毛首线虫病是由猪毛首线虫寄生在猪大肠内引起的；生前诊断可用漂浮法检查虫卵，剖检时发现大量虫体也可确诊。猪痢疾诊断需取猪痢疾病猪新鲜粪便（带血丝的黏液），经吉姆萨染色镜检到猪痢疾蛇形螺旋体才可确诊。

12.与猪霉菌性肺炎的鉴别

（1）相似点　腹泻。

（2）不同点　猪毛首线虫病是由猪毛首线虫寄生在猪大肠内引起的；生前诊断可用漂浮法检查虫卵，剖检时发现大量虫体也可确诊。猪霉菌性肺炎病理组织制片镜检常能见到真菌。

（七）防制方法

1.预防措施

加强猪舍的饲养管理，严格进行消毒卫生工作。

2.治疗方法

用芬苯达唑、吡喹酮等药驱虫。

七、猪后圆线虫病

猪后圆线虫病是由后圆线虫（又称猪肺线虫）寄生于猪的支气管和细支气管引起的一种呼吸系统寄生虫病。该病主要引起仔猪慢性支气管炎和支气管肺炎，导致猪消瘦、发育受阻。

（一）病原

后圆线虫的虫体呈细丝状（又称肺丝虫），乳白色或灰白色，口囊很小，口缘有一对三叶侧唇，食道呈棒状。雄虫短，末端有小钩，雌虫长，阴门紧靠肛门，前方覆有一角质盖。

（二）流行病学

成虫寄生在猪的支气管中，所产的虫卵随气管分泌物进入咽部，再进入消化道，后随粪便排到外界。虫卵被蚯蚓吞食，在蚯蚓体内发育成感染性幼虫。猪吞食这种带虫蚯蚓而被感染。幼虫经肠淋巴管到静脉，之后到达肺部的肺泡和支气管，最终发育为成虫。从幼虫感染至成虫排卵需经1个月左右。虫卵和幼虫对外界环境有很强的抵抗力。因此，在野外放牧或有接触过土壤的猪均有可能发生该病，而圈养的猪则很少发生。

（三）临床特征

病猪有拱地习惯，从土壤中获得感染。轻度感染症状轻微，2～4月龄仔猪感染较多虫体时，症状严重，消瘦、发育不良，被毛干燥无光泽，阵发性咳嗽，早晚运动、采食后或遇冷空气刺激时咳嗽尤其剧烈，鼻流脓性分泌物。严重病例呈现呼吸困难，病死率高。耐过的常成僵猪。

（四）病理变化

剖检见肺脏有斑点状出血、实变和局灶性气肿（图3-39），切面见支气管断端有虫体（图3-40）蠕动，纵切面见支气管黏膜肿胀、含有大量黏液和虫体。

（五）实验室诊断

根据临床特征，结合流行病学、病理剖检找出虫体而确诊。生前确诊可依靠采病猪新鲜粪便，用饱和硫酸镁溶液漂浮法检查虫卵确认。病原的虫卵呈椭圆形、灰白色，外有一层稍凹凸不平的膜，内含有幼虫。另外，还可用变态反应试验进行检测。

图3-39　肺气肿（陈立功供图）

图3-40　肺支气管内后圆线虫
（王小波供图）

（六）类似病症鉴别

该病要与伪狂犬病相鉴别。

与伪狂犬病的鉴别

相关内容见"第一章 猪病毒病的类症鉴别"中"六、伪狂犬病"。

（七）防制方法

1.预防措施

加强饲养管理，猪舍及运动场地要经常打扫，注意排水和保持清洁、干燥，粪便要堆积发酵。有条件的猪场、猪圈及运动场可铺设水泥，以防猪吃到蚯蚓，并可杜绝蚯蚓的孳生。在猪后圆线虫流行地区要进行定期预防性驱虫，仔猪在生后2～3个月龄时驱虫一次，以后每隔2个月驱虫一次。

2.治疗方法

治疗可选用下列方法：病猪可口服或肌注左旋咪唑，对于肺炎严重的猪，应在驱虫的同时，连用青霉素3天；或皮下或肌内注射伊维菌素；或用阿苯达唑拌料。

八、猪旋毛虫病

猪旋毛虫病是由旋毛虫成虫寄生于猪的小肠，幼虫寄生于横纹肌而引起的人畜共患寄生虫病。肉品卫生检验中将该病列为首要项目。

（一）病原

旋毛虫成虫为白色、前细后粗的线虫，雄虫长1.4～1.6毫米，雌虫长3～4毫米（图3-41）。刚进入肌纤维的幼虫是直的，随后迅速发育增大，逐渐卷曲并形成包囊，包囊呈圆形或椭圆形，大小为（0.25～0.30）毫米×（0.40～0.70）毫米，包囊内含有囊液和1～2条卷曲的幼虫，个别可达6～7条。

图3-41　旋毛虫（王小波供图）

（二）流行病学

猪、犬、猫、鼠、牛、马等动物和人均可感染。猪主要是吃了含有肌肉旋毛虫的肉屑或鼠类而感染。人感染是由于食入生的未煮熟的含旋毛虫包囊的猪肉而引起。

（三）临床特征

病猪轻微感染多不显症状，或出现轻微肠炎。严重感染，病猪体温升高，肌肉急性发炎、疼痛，腹泻，便血；有时呕吐，食欲不振，迅速消瘦；有时吞咽、咀嚼及运动困难。死亡较少，多于4～6周康复。

（四）病理变化

早期，肌肉急性发炎、充血和出血。后期，在旋毛虫常寄生的部位如膈肌、舌肌、喉肌、肋肌、胸肌等处发现细针尖大小、未钙化的包囊，呈露滴状、半透明、较肌肉的色泽淡，以后变成乳白色、灰白色或黄白色。显微镜检查可以发现虫体包囊（图3-42），包囊内有卷曲的幼虫（图3-43）。钙化后的包囊为长约1毫米的灰色小结节。成虫侵入小肠上皮时，引起肠黏膜肥厚、水肿，炎症细胞浸润。

图3-42　肌肉内旋毛虫包囊
（王小波供图）

图3-43　包囊内卷曲的旋毛虫
（王小波供图）

（五）实验室诊断

该病可用酶联免疫吸附试验进行诊断，死后可通过肌肉压片法进行实验室检查，在显微镜下观察是否有虫体。

（六）类似病症鉴别

该病要与猪炭疽、猪梭菌性肠炎、猪痢疾、猪毛首线虫病等相鉴别。

1.与猪炭疽的鉴别

（1）相似点　排血便。

（2）不同点　炭疽病猪除排血便外，还可能表现其他天然孔出血症状。炭疽病猪外周血镜检见革兰氏阳性、竹节状大杆菌。

2.与猪梭菌性肠炎的鉴别

（1）相似点　排血便。

（2）不同点　猪梭菌性肠炎主要引发1～3日龄仔猪的出血性下痢；取肠内容进行革兰氏染色、镜检或毒素检查确诊。

3.与猪痢疾的鉴别

（1）相似点　排血便。

（2）不同点　猪痢疾的病原为猪痢疾蛇形螺旋体，呈较缓的螺旋形，多为2～4个弯曲，形如双雁翅状，为厌氧菌，革兰氏染色阴性。

4.与猪毛首线虫病的鉴别

相关内容见"第三章 猪寄生虫病的类症鉴别"中"六、猪毛首线虫病"。

（七）防制方法

1.预防措施

加强饲养管理，动物尸体焚烧或深埋，禁用混有生肉屑的泔水喂猪。定期进行灭鼠，严格防止饲料受鼠类污染。

2.治疗方法

治疗该病尚无特效疗法，可用阿苯达唑（丙硫苯咪唑）、噻苯咪唑或甲苯咪唑拌料，5～7天一个疗程。

九、猪冠尾线虫病

猪冠尾线虫病又称猪肾虫病，是由有齿冠尾线虫的成虫寄生于猪的肾盂、肾周围脂肪和输尿管壁处而引起的一种线虫病。

（一）病原

有齿冠尾线虫虫体较粗大，口囊呈杯状，两端尖细，体壁厚。活的虫体呈浅灰褐色。雄虫短，交合伞小，有引器和负引器。雌虫长，阴门靠近肛门。虫卵为椭圆形，卵较大，肉眼可见，刚排出的虫卵中有胚细胞。

（二）流行病学

成虫在结缔组织形成的包囊中产卵，包囊有管道与泌尿系统相通，卵随尿液排到外界。在适宜的温度下，发育为感染性幼虫，经口或皮肤侵入宿主。幼虫经口感染后进入胃，穿过胃壁，随血流入门静脉而进入肝。经皮肤感染的幼虫，随血流进入右心，经肺、左心、主动脉、肝动脉而到达肝脏。在肝脏内发育一段时间后经体腔向肾区移行。从幼虫进入猪体到发育成熟产卵，需128～278天。特别值得注意的是当肾虫卵被蚯蚓吞食后，仍能在其体内发育为感染性幼虫，当猪吞食带感染性幼虫的蚯蚓也会遭受感染。

（三）临床特征

猪感染后最初表现皮肤炎症，有丘疹和红色结节。体表淋巴结肿大，食欲减退，精神委顿，消瘦，贫血，被毛粗乱无光泽，行动迟缓，随后渐渐呈现后肢无力、跛行，走路时左右摇摆，喜躺卧（视频3-3）。有的后躯麻痹或后肢僵硬，不能站立，拖地爬行。尿液中常有白色环状物或脓液。仔猪发育停滞；母猪不孕或流产；公猪性欲降低，失去配种能力。严重时病猪多因极度衰弱而死亡。

视频 3-3

病猪走路摇摆，
后肢无力

（四）病理变化

剖检尸体消瘦，皮肤上有丘疹或结节，肝脏内有包囊和脓肿，内含幼虫。肝脏肿大、变硬，结缔组织增生，切面上可看到幼虫钙化的结节。肾髓质有包囊，结缔组织增生（图3-44）。输尿管壁增厚，常有数量较多的包囊，内有成虫。

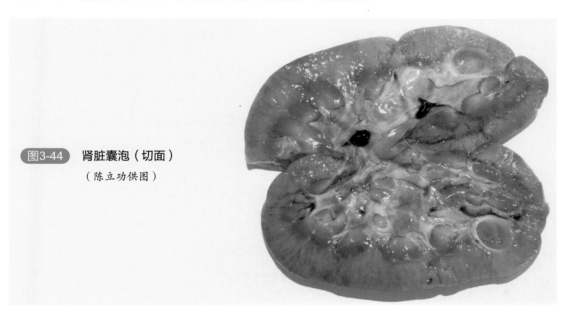

图3-44 肾脏囊泡（切面）

（陈立功供图）

（五）实验室诊断

对5月龄以上的猪，可在尿沉渣中检查虫卵。用大平皿或大烧杯接尿（早晨第一次排尿的最后几滴尿液中含虫卵最多），放置沉淀一段时间后，倒去上层尿液，在光线充足处即可见到沉至底部的无数白色的圆点状的虫卵，即可做出初步诊断。镜检虫卵可最后确诊。5月龄以下的仔猪，只能在剖检时，在肝、肺、脾等处发现虫体。

（六）类似病症鉴别

该病要与猪圆环病毒2型感染、猪痘、猪水疱性口炎、猪水疱病、猪疥螨病、猪皮肤真菌病等相鉴别。

1. 与猪圆环病毒2型感染的鉴别

相关内容见"第一章 猪病毒病的类症鉴别"中"五、猪圆环病毒2型感染"。

2. 与猪痘的鉴别

相关内容见"第一章 猪病毒病的类症鉴别"中"八、猪痘"。

3. 与猪水疱性口炎的鉴别

相关内容见"第一章 猪病毒病的类症鉴别"中"十六、猪水疱性口炎"。

4. 与猪水疱病的鉴别

相关内容见"第一章 猪病毒病的类症鉴别"中"十七、猪水疱病"。

5. 与猪疥螨病的鉴别

（1）相似点　均有皮肤病变。
（2）不同点　猪疥螨病检查需刮取患部与健部交界处皮屑，镜检可见疥螨虫体和虫卵。

6. 与猪皮肤真菌病的鉴别

（1）相似点　均有皮肤病变。
（2）不同点　取猪皮肤真菌病病猪组织制片，镜检常能见到真菌。

（七）防制方法

1. 预防措施

加强饲养管理，搞好圈舍及运动场地的卫生，经常用20%石灰乳或3%～4%漂白粉水溶液消毒。新购入的猪应进行检疫，隔离饲养，防止该病传播。

2. 治疗方法

治疗病猪可选用左旋咪唑，内服或肌注。或用阿苯达唑（丙硫苯咪唑）拌料，每天1次，连用7次。

十、猪球虫病

猪球虫病是由猪球虫寄生于猪肠道上皮细胞内引起的一种原虫病，以小肠卡他性炎症为特征。

（一）病原

猪球虫病是由等孢属和艾美耳属球虫引起。猪等孢球虫卵囊呈球形或亚球形，卵囊内含2个孢子囊（图3-45），孢子囊呈椭圆形或亚球形，有4个子孢子。艾美耳球虫卵囊呈椭圆形或卵圆形（图3-46），卵囊内含有4个孢子囊，孢子囊呈长卵圆形，内含2个子孢子。

图3-45 等孢球虫卵囊
（陶建平供图）

图3-46 艾美耳球虫卵囊
（陶建平供图）

（二）流行病学

带虫成年猪，是该病的传染源。该病主要发生于仔猪，多呈良性经过，一年四季发生，夏秋季节的发病率高于冬春季节，潮湿多雨季节和多沼泽的猪场最易发病，可经消化道感染。猪球虫在宿主体内进行裂殖生殖和配子生殖两个世代繁殖，受精后的合子形成卵囊壁，发育成为卵囊。卵囊随猪的粪便排出体外，在外界环境中进行孢子生殖。

（三）临床特征

病初食欲不佳，精神沉郁，被毛松乱，身体消瘦，体温略高或正常，下痢与便秘交替发作（粪便中不带血）。一般能自行耐过，逐渐恢复。严重感染猪可发生死亡。哺乳仔猪艾美耳球虫病主要表现为刚开始腹泻时，粪便为糊状，2～3天后转为水样、黄色或灰白色，有酸臭味，发病率达50%以上，死亡率20%～50%。仔猪等孢球虫病主要表现为刚开始腹泻时粪便为糊状，2～3天后转为水样、黄色或灰白色、有酸臭味，发病率达50%以上，死亡率也达20%～50%。

（四）病理变化

剖检病变局限于空肠和回肠，小肠有出血性炎症，肠黏膜淋巴滤泡肿大突出，有白色和灰色的小病灶，同时见直径4～15毫米的溃疡，其表面覆有凝乳样薄膜。肠内容物呈现褐色，带恶臭，有纤维性薄膜和黏膜碎片。肠系膜淋巴结肿大。

（五）实验室诊断

根据流行病学、临床特征和剖检病变，可做出初步诊断。确诊必须从待检猪的空肠与回肠检查出不同发育阶段的虫体。

（六）类似病症鉴别

该病要与猪传染性胃肠炎、猪流行性腹泻、猪轮状病毒病、猪大肠杆菌病、猪毛首线虫病、猪食道口线虫病、猪霉菌性肺炎等相鉴别。

1.与猪传染性胃肠炎的鉴别

相关内容见"第一章 猪病毒病的类症鉴别"中"十、猪传染性胃肠炎"。

2.与猪流行性腹泻的鉴别

相关内容见"第一章 猪病毒病的类症鉴别"中"十一、猪流行性腹泻"。

3.与猪轮状病毒病的鉴别

相关内容见"第一章 猪病毒病的类症鉴别"中"十二、猪轮状病毒病"。

4.与猪大肠杆菌病的鉴别

相关内容见"第二章 猪细菌病的类症鉴别"中"七、猪大肠杆菌病"。

5.与猪毛首线虫病的鉴别

相关内容见"第三章 猪寄生虫病的类症鉴别"中"六、猪毛首线虫病"。

6.与猪食道口线虫病的鉴别

（1）相似点　腹泻。

（2）不同点　猪食道口线虫病尸体剖检，可检出幼虫、成虫和大肠病灶结节。

7.与猪霉菌性肺炎的鉴别

（1）相似点　腹泻。

（2）不同点　从待检猪的空肠与回肠检查出大量内生发育阶段的虫体（裂殖子、裂殖体和配子体）可确诊为猪球虫病。猪霉菌性肺炎病理组织制片镜检常能见到真菌。

（七）防制方法

1.预防措施

保持猪舍和运动场的清洁卫生，粪便、垫草应进行发酵处理。最好用火焰喷灯进行消毒。

2.治疗方法

治疗可选用磺胺二甲嘧啶、氨丙啉、磺胺间甲氧嘧啶。

十一、猪住肉孢子虫病

猪住肉孢子虫病是由住肉孢子虫寄生于猪体内引起的一种寄生虫病。常见其寄生于猪的舌肌、膈肌、肋间肌、咽喉肌、腹斜肌和大腿肌等处。

（一）病原

寄生于猪的住肉孢子虫有猪犬住肉孢子虫、猪人住肉孢子虫和猪猫住肉孢子虫3种。其中猪犬住肉孢子虫的终末宿主为犬和狐，是猪最常见的一种住肉孢子虫。住肉孢子虫寄生于宿主的肌肉，形成与肌肉纤维平行的包囊，多呈纺锤形、椭圆形或卵圆形，灰白色至乳白色。小的包囊肉眼难于观察到，只有几毫米，大的可达数厘米。囊壁由2层组成，内壁向囊内延伸，构成许多中隔，将囊腔分成若干小室。在发育成熟的包囊小室中包藏着许多肾形或香蕉形的慢殖子，又称为南雷氏小体（Rainey's corpuscle）或囊殖子，一端稍尖，一端偏钝。

（二）流行病学

住肉孢子虫的发育必须在两个不同种的宿主体内完成。猪的3种住肉孢子虫的中间宿主是猪或野猪，其终末宿主是人、犬、猫等。终末宿主（如犬）在吞食了中间宿主的包囊之后，虫体发育为卵囊或含子孢子的孢子囊。孢子囊或卵囊被中间宿主猪吞食后，子孢子经血液循环到达各脏器（如肝等），在脏器血管的内皮细胞内进行2～3代裂殖生殖，产生大量裂殖子，然后裂殖子进入血流在单核细胞内增殖，最后转入心肌或骨骼肌细胞内发育为包囊，再经1个月或数月发育成熟。

（三）临床特征

猪感染后可表现食欲不佳、体温升高、贫血及体重减轻等症状，虫体裂殖生殖时也可引起猪死亡。当猪严重感染时则表现不安，运动困难，出现肌肉僵硬和后肢短期瘫痪，并有呼吸困难等现象。

（四）病理变化

肉眼可见到与肌纤维平行的白色带状包囊。住肉孢子虫可分泌住肉孢子虫毒素，该毒素能引起肌细胞变性及肌束膜的反应性炎症。

（五）实验室诊断

生前因无特异性症状而难以确诊。病理剖检，在肌肉组织中发现特异性包囊即可确诊。制作涂片时可取病变肌肉组织压碎，在显微镜下检查香蕉形的慢殖子，也可用吉姆萨染色后观察。做切片时，可见到住肉孢子虫包囊壁上有辐射状棘突，包囊中有中隔。

（六）类似病症鉴别

该病要与猪囊尾蚴病、猪旋毛虫病等相鉴别。

1.与猪囊尾蚴病的鉴别

相关内容见"第三章 猪寄生虫病的类症鉴别"中"三、猪囊尾蚴病"。

2.与猪旋毛虫病的鉴别

相关内容见"第三章 猪寄生虫病的类症鉴别"中"八、猪旋毛虫病"。

（七）防制方法

1.预防措施

预防措施主要是在屠宰时做好肉品的卫生检验工作，对带虫肉品必须进行无害化处理。同时要保护饲料饮水不被含有住肉孢子虫卵囊的粪便污染，以防猪吃到肌肉中的"米氏囊"和终宿主粪便中的卵囊而感染，以便切断住肉孢子虫的传播途径。

2.治疗方法

目前尚无特效药物进行治疗。

十二、猪疥螨病

猪疥螨病又叫螨病，俗称疥疮、癞、癞皮病，是由猪疥螨寄生在猪的表皮内所引起的一种接触性感染的慢性皮肤寄生虫病，以皮肤剧痒和皮肤炎症为特征。

（一）病原

猪疥螨成虫身体呈圆形、似龟状、微黄白色、背面隆起、腹面扁平，躯体可分为背胸部和背腹部，躯体前方有一假头，躯体腹面有4对短而粗的足。

（二）流行病学

各种年龄、品种和性别猪均可感染。猪的全身皮肤均可寄生。疥螨是不完全变态的节肢动物，发育过程包括卵、幼虫、若虫和成虫4个阶段。从卵发育为成虫需8～15天。猪舍阴暗、潮湿、拥挤，猪群饲养管理粗放，环境卫生差，营养不良等均是该病的诱发因素。猪通过接触患病猪或被污染的用具及环境而感染。

（三）临床特征

病猪皮肤发炎、剧痒，通常从头部开始，并逐渐扩展至腹部及四肢，甚至全身（视频3-4）。猪常在墙角、圈门、栏柱等处蹭痒，常擦出血，以致皮肤粗糙、肥厚、落屑、皲裂、污秽不堪等（图3-47），最后病猪食欲不振、营养减退、身体消瘦，甚至死亡。

（四）病理变化

猪疥螨感染局部皮肤发炎，形成小结节，因瘙痒摩擦造成继发感染而形成化脓性结节或脓疱，后者破溃、内容物干涸形成痂皮。

视频 3-4

皮炎

图3-47　母猪皮肤结痂、皲裂
（陈立功供图）

（五）实验室诊断

根据流行病学、临床特征、病变可以做出初诊。不典型病例需刮取患部与健部交界处皮屑，滴加少量的甘油和水等量混合液或液状石蜡，放在载玻片上，用低倍镜检查，可发现活螨。也可将刮到的病料装入试管内，加入10%苛性钠溶液加热数分钟，静置10分钟，取沉渣置载玻片上，用低倍镜检查到疥螨虫体和虫卵以确诊。

（六）类似病症鉴别

该病要与猪痘、猪水疱性口炎、猪水疱病、坏死杆菌病、猪渗出性皮炎、猪皮肤真菌病等相鉴别。

1.与猪痘的鉴别

相关内容见"第一章 猪病毒病的类症鉴别"中"八、猪痘"。

2.与猪水疱性口炎的鉴别

相关内容见"第一章 猪病毒病的类症鉴别"中"十六、猪水疱性口炎"。

3.与猪水疱病的鉴别

相关内容见"第一章 猪病毒病的类症鉴别"中"十七、猪水疱病"。

4.与坏死杆菌病的鉴别

相关内容见"第二章 猪细菌病的类症鉴别"中"十三、坏死杆菌病"。

5.与猪渗出性皮炎的鉴别

相关内容见"第二章 猪细菌病的类症鉴别"中"十六、猪渗出性皮炎"。

6.与猪皮肤真菌病的鉴别

（1）相似点　均有皮肤病变。
（2）不同点　取猪皮肤真菌病病猪组织制片，镜检常能见到真菌。

（七）防制方法

1.预防措施

猪圈要保持干燥、光线充足、空气流通，经常刷洗猪体，猪群不可拥挤，并定期消毒栏舍。新购进的猪应仔细检查，经鉴定无病时，方可合群饲养。

2.治疗方法

发现病猪及时隔离治疗，可用0.5%～1%敌百虫水溶液，或速灭杀丁（氰戊菊酯）、敌杀死等药物，用水配成万分之二的浓度，直接涂擦、喷雾患部，隔2～3天一次，连用2～3次。或用烟叶或烟梗1份，加水20份，浸泡24小时，再煮1小时，冷却后涂擦患部。也可用柴油下脚料或废机油涂擦患部。或硫黄1份、棉酚油10份，混均匀后涂擦患部，连用2～3次。

十三、猪食道口线虫病

猪食道口线虫病是由多种食道口线虫寄生于猪的结肠和盲肠而引起的一种线虫病，严重感染时可引起猪结肠炎，因幼虫寄生在大肠壁内形成结节，故又称该病为猪结节虫病。

（一）病原

常见种类为有齿食道口线虫和长尾食道口线虫。有齿食道口线虫：乳白色，雄虫长8～9毫米，雌虫长为11.3毫米。长尾食道口线虫：暗灰色，雄虫长6.5～8.5毫米，雌虫长为8.2～9.4毫米。

（二）流行病学

仔猪最易受感染，多雨、潮湿季节发病较多。雌虫在猪大肠内产卵，虫卵随猪粪便排出体外，在25～27℃和适宜的湿度条件下经4～8天，幼虫孵出并经两次蜕皮发育为带鞘的感染性幼虫。猪吞食后的幼虫在肠内蜕鞘，钻入大肠黏膜下形成大小为1～6毫米的结节。感染后6～10天，幼虫在结节内蜕第三次皮，成为第四期幼虫，然后返回肠腔，蜕第四次皮，成为第五期幼虫。感染后38天（仔猪）或50天（成年猪）发育为成虫，成虫在大肠内寄生期为8～10个月。

（三）临床特征

严重感染猪腹泻或下痢，粪便中带有脱落的黏膜，高度消瘦，发育障碍（图3-48）。继发细菌感染时，发生化脓性结节性大肠炎，严重者可造成死亡。

图3-48 **病猪消瘦、死亡**（陈立功供图）

（四）病理变化

尸体剖检病变主要在大肠，严重时透过浆膜即可见黏膜下形成的结节（图3-49～图3-51）。

图3-49 透过结肠浆膜可见结节
（陈立功供图）

图3-50 幼虫在结肠黏膜形成的结节（陈立功供图）

图3-51 结肠黏膜取下的结节
（陈立功供图）

（五）实验室诊断

仅根据临床表现不能确诊该病，尸体剖检，检出幼虫、成虫和大肠病灶结节即可确诊。

（六）类似病症鉴别

该病要与猪流行性腹泻、猪传染性胃肠炎、猪轮状病毒病、猪毛首线虫病、猪棘头虫病、猪痢疾、猪霉菌性肺炎等相鉴别。

1.与猪流行性腹泻的鉴别

相关内容见"第一章 猪病毒病的类症鉴别"中"十一、猪流行性腹泻"。

2.与猪传染性胃肠炎的鉴别

相关内容见"第一章 猪病毒病的类症鉴别"中"十、猪传染性胃肠炎"。

3.与猪轮状病毒病的鉴别

相关内容见"第一章 猪病毒病的类症鉴别"中"十二、猪轮状病毒病"。

4.与猪毛首线虫病的鉴别

相关内容见"第三章 猪寄生虫病的类症鉴别"中"六、猪毛首线虫病"。

5.与猪棘头虫病的鉴别

（1）相似点　排血便。

（2）不同点　猪棘头虫病诊断时，尸体剖检见小肠内成虫；以直接涂片法或沉淀法检查粪便，可发现棘头虫卵。猪食道口线虫虫体主要在大肠（盲肠与结肠）。

6.与猪痢疾的鉴别

（1）相似点　排血便。

（2）不同点　猪痢疾的病原为猪痢疾蛇形螺旋体，呈较缓的螺旋形，多为2～4个弯曲，形如双雁翅状，为厌氧菌，革兰氏染色阴性。

7.与猪霉菌性肺炎的鉴别

（1）相似点　腹泻。

（2）不同点　猪食道口线虫病是由多种食道口线虫寄生在猪的结肠和盲肠而引起的一种线虫病；尸体剖检在大肠肠壁发现结节病灶，肠腔内检出虫体即可确诊。猪霉菌性肺炎病理组织制片镜检常能见到真菌。

（七）防制方法

1.预防措施

猪舍要经常打扫、消毒，保持通风、干燥。加强饲养管理。垫草要勤换、常晒，对猪群要定期检查，发现有该病者，应及时隔离治疗。

2.治疗方法

治疗用芬苯达唑、吡喹酮等药驱虫。

十四、猪棘头虫病

猪棘头虫病是由猪巨吻棘头虫寄生于猪的小肠而引起的一种寄生虫病。

（一）病原

猪巨吻棘头虫个体较大，虫体呈圆柱形，体近蛭形，前部较粗，后部较细（图3-52），乳白色或淡红色。吻突较小、呈球形，吻突上长有5～6排、每排6个向后弯曲的小钩。体表有明显的环形皱纹。

图3-52　猪巨吻棘头虫（陈立功供图）

（二）流行病学

成虫寄生在猪的小肠，雌雄交配后，虫卵排出体外，被某些甲虫（金龟子）的幼虫（蛴螬）吞食后，棘头蚴在肠内孵化后穿过肠壁进入体腔，发育为棘头体并形成棘头囊，甲虫发育为蛹和成虫时，棘头囊留在体内。终末宿主猪吞食带有棘头囊的甲虫幼虫、蛹和成虫即可引起感染。棘头囊进入猪体内，棘头体从囊中逸出，以吻突叮吸在小肠壁上，经70～110天发育为成虫，棘头虫在猪体内可存活10～24个月。

（三）临床特征

轻度感染病猪贫血、消瘦、营养不良。病猪食欲减退、腹痛、下痢、粪便带血，症状加剧时，病猪体温41℃、不食、卧地剧烈腹痛，多以死亡告终。

（四）病理变化

尸体剖检可见小肠内成虫、虫体固着部位化脓和穿孔（图3-53）。

图3-53　猪巨吻棘头虫寄生于小肠

（陈立功供图）

（五）实验室诊断

以直接涂片法或沉淀法检查粪便中的棘头虫卵确诊该病。

（六）类似病症鉴别

该病要与猪毛首线虫病、猪食道口线虫病、猪痢疾等相鉴别。

1.与猪毛首线虫病的鉴别

相关内容见"第三章 猪寄生虫病的类症鉴别"中"六、猪毛首线虫病"。

2.与猪食道口线虫病的鉴别

相关内容见"第三章 猪寄生虫病的类症鉴别"中"十三、猪食道口线虫病"。

3.与猪痢疾的鉴别

（1）相似点　排血便。

（2）不同点　猪痢疾的病原为猪痢疾蛇形螺旋体，呈较缓的螺旋形，多为2～4个弯曲，形如双雁翅状，为厌氧菌，革兰氏染色阴性。

（七）防制方法

1.预防措施

加强饲养管理，搞好猪圈卫生，防止猪到处拱土、吞食各期中间宿主。猪粪便要及时清理并进行发酵处理。杀死蛴螬和甲虫幼虫。每2～3个月对猪进行1次粪检，发现病猪转为以舍饲为主或及时处理。

2.治疗方法

目前尚无特效药物，可试用左旋咪唑、敌百虫等药物治疗。

十五、猪虱病

猪虱病是猪血虱寄生于猪体表引起的寄生虫病。

（一）病原

猪血虱背腹扁平，椭圆形，表皮呈革状，个体很大，虫体呈灰黄色（图3-54）。雌虫长达5毫米，雄虫长达4毫米。头部伸长，比胸部显著狭窄。卵呈长椭圆形，黄白色。

图3-54　猪血虱和虫卵
（陈立功供图）

（二）流行病学

一年四季都可感染，但以寒冷季节多发。猪血虱为不完全变态发育，经卵、若虫和成虫3个发育阶段。猪体表的各阶段虱均可造成感染，通过直接接触传播。雌雄虫交配后，雌虱在猪上产卵，卵呈长椭圆形，黄白色，经12～15天孵出若虫。若虫吸血，每隔4～6天蜕化一次，经三次蜕皮后变为成虫。自卵发育到成虫需30～40天，每年能繁殖6～15个世代。雌虱的产卵期持续2～3周，共产卵50～80个。雌虱产完卵后死亡，雄虱于交配后死亡。

（三）临床特征

猪血虱多寄生于猪的耳朵周围、颈部、颊部、体侧及四肢内侧皮肤皱褶处，严重时全身均可寄虫。患猪经常搔痒和摩擦，造成被毛脱落，皮肤损伤。幼龄仔猪感染后，症状比较严重，常因瘙痒不安，影响休息、食欲，甚至影响生长发育。

（四）病理变化

猪血虱成虫叮咬吸血，刺激皮肤，常引起皮肤发炎，出现小结节。

（五）实验室诊断

检查猪体表，尤其是耳壳后、腋下、股内等部位皮肤和近毛根处，找到虫体或虫卵即可确诊。

（六）类似病症鉴别

该病要与猪疥螨病、猪皮肤真菌病等相鉴别。

1.与猪疥螨病的鉴别

（1）相似点　皮炎。

（2）不同点　猪疥螨病检查需刮取患部与健部交界处皮屑，镜检可见疥螨虫体和虫卵。

2.与猪皮肤真菌病的鉴别

（1）相似点　皮炎。

（2）不同点　取猪皮肤真菌病病猪组织制片，镜检常能见到真菌。

（七）防制方法

1.预防措施

加强饲养管理，经常刷梳猪体，保持清洁干净。垫草要勤换、常晒，对猪群要定期检查，发现有猪虱病者，应及时隔离治疗。

2.治疗方法

杀灭猪血虱可选用2%敌百虫水溶液涂于患部或喷雾于体表患部；或烟叶1份、水90份，煎成汁涂擦体表；或将鲜桃树叶捣碎，在猪体表擦抹数遍。

第四章　猪螺旋体病的类症鉴别

一、猪痢疾

猪痢疾又称血痢，或黑痢，或黏液性出血性下痢，是由致病性猪痢疾蛇形螺旋体引起的猪特有的一种肠道传染病，临诊以消瘦、腹泻、黏液性或黏液性出血性下痢为特征。

（一）病原

该病病原为猪痢疾蛇形螺旋体。猪痢疾蛇形螺旋体有 4 ～ 6 个弯曲，长 5 ～ 11 微米、宽 0.2 ～ 0.4 微米，呈旋转的螺丝线状，革兰氏染色阴性。用 5% ～ 10% 脱纤维血的胰蛋白酶大豆琼脂，37 ～ 42℃ 条件下厌氧培养 3 ～ 5 天，猪痢疾蛇形螺旋体可生长成扁平薄雾状，不形成单个菌落，在培养物周围形成强 β 溶血区。

（二）流行病学

各种年龄和品种的猪均可感染发病，主要感染 7 ～ 12 周龄仔猪。一年四季均有发生，但以 4 ～ 5 月份和 9 ～ 10 月份多发。病猪、带菌猪是主要的传染源，病菌随粪便大量排出，通过消化道感染健康猪。

（三）临床特征

潜伏期从 2 天到 3 个月不等，自然感染通常在感染后 10 ～ 14 天发病。猪群初发呈急性，以后逐渐转变为亚急性和慢性。

最急性病例常突然死亡，无腹泻症状。多数病例，初期排出黄色或灰色软便，病猪精神沉郁、食欲减退、体温 40 ～ 41℃。当持续下痢时，粪便中逐渐带有黏液、血液，呈油脂样或胶冻状，呈红色或黑红色。病猪脱水消瘦、弓背，腹部凹陷，行走不稳，因极度衰弱而死亡。

亚急性和慢性病例，病程延长 1 ～ 2 周，病情缓和，有黏液性、出血性下痢，粪便呈黑红色（图 4-1），精神不振，食欲减退，消瘦，生长发育停滞，死亡率不高。

（四）病理变化

剖检病变主要在大肠，可见盲肠、结肠和直肠等黏膜充血、出血（图 4-2），呈渗出性卡他性炎症变化。急性期肠壁呈水肿性肥厚，大肠松弛，肠系膜淋巴结肿胀，肠内容物为水样、恶臭并含有黏液，肠黏膜常附有灰白色纤维素样物质，特别在盲肠端出现的充血、出血、水肿和卡他性炎症更为显著。

图4-1　猪痢疾病猪排出血便
（陈立功供图）

图4-2　猪痢疾病猪大肠黏膜充血、
出血（陈立功供图）

（五）实验室诊断

根据流行特点、临床症状和剖检病变可做出初诊。确诊应进行病原学检查、血清学检查等相关实验室诊断。

1. 病原学检查

取急性发病猪的粪便和肠黏膜制片进行暗视野显微镜检查，每个视野见3～5个蛇形螺旋体，即可作为定性诊断依据，也可用PCR方法进行病原体的快速鉴定。

2. 血清学检查

常用的包括酶联免疫吸附试验和凝集试验。

（六）类似病症鉴别

该病应与猪传染性胃肠炎、猪流行性腹泻、猪轮状病毒病、猪炭疽、仔猪副伤寒、猪大肠杆菌病、猪梭菌性肠炎、猪增生性肠炎、猪毛首线虫病、猪旋毛虫病、猪食道口线虫病、猪棘头虫病、猪霉菌性肺炎等相鉴别。

1. 与猪传染性胃肠炎的鉴别

相关内容见"第一章 猪病毒病的类症鉴别"中"十、猪传染性胃肠炎"。

2.与猪流行性腹泻的鉴别

相关内容见"第一章 猪病毒病的类症鉴别"中"十一、猪流行性腹泻"。

3.与猪轮状病毒病的鉴别

相关内容见"第一章 猪病毒病的类症鉴别"中"十二、猪轮状病毒病"。

4.与猪炭疽的鉴别

相关内容见"第二章 猪细菌病的类症鉴别"中"一、猪炭疽"。

5.与仔猪副伤寒的鉴别

相关内容见"第二章 猪细菌病的类症鉴别"中"六、仔猪副伤寒"。

6.与猪大肠杆菌病的鉴别

相关内容见"第二章 猪细菌病的类症鉴别"中"七、猪大肠杆菌病"。

7.与猪梭菌性肠炎的鉴别

相关内容见"第二章 猪细菌病的类症鉴别"中"十四、猪梭菌性肠炎"。

8.与猪增生性肠炎的鉴别

相关内容见"第二章 猪细菌病的类症鉴别"中"十五、猪增生性肠炎"。

9.与猪毛首线虫病的鉴别

相关内容见"第三章 猪寄生虫病的类症鉴别"中"六、猪毛首线虫病"。

10.与猪旋毛虫病的鉴别

相关内容见"第三章 猪寄生虫病的类症鉴别"中"八、猪旋毛虫病"。

11.与猪食道口线虫病的鉴别

相关内容见"第三章 猪寄生虫病的类症鉴别"中"十三、猪食道口线虫病"。

12.与猪棘头虫病的鉴别

相关内容见"第三章 猪寄生虫病的类症鉴别"中"十四、猪棘头虫病"。

13.与猪霉菌性肺炎的鉴别

（1）相似点　腹泻。

（2）不同点　取急性发病猪的粪便和肠黏膜制片进行暗视野显微镜检查，每个视野见3～5个蛇形螺旋体，即可做出猪痢疾的定性诊断；或用PCR方法进行猪痢疾蛇形螺旋体的快速鉴定。猪霉菌性肺炎病理组织制片镜检常能见到真菌。

（七）防制方法

1.预防措施

严禁从疫区购进种猪，坚持自繁自养。需要引进猪时，要隔离观察1～2个月，确定无病方可并群。发生该病，及时隔离，并彻底清扫、消毒，对猪群进行药物预防，对粪便进行无害化处理，用1%～2%臭药水或0.1%过氧乙酸消毒猪舍及病猪体，一般在消毒后1

个月，猪舍再引进新猪。

2.治疗方法

治疗首选痢菌净注射。

二、钩端螺旋体病

钩端螺旋体病是由致病性钩端螺旋体引起的一种人畜共患病和自然疫源性传染病。

（一）病原

该病病原为致病性钩端螺旋体，长6～30微米，宽0.1微米，革兰氏染色阴性。在暗视野或相差显微镜下，其呈细长的丝状、圆柱形，螺纹细密而规则，菌体两端弯曲成钩状，常呈"C"或"S"形弯曲，运动活泼并沿其长轴旋转。

（二）流行病学

各种年龄的猪均可感染，但仔猪发病较多，特别是哺乳仔猪和断奶仔猪发病最严重。该病通过直接接触或间接接触方式传播，主要途径为皮肤，其次是消化道、呼吸道以及生殖道黏膜。吸血昆虫叮咬、人工授精以及交配等也可传播该病。该病多发生于每年的7～10月，尤其常见于暴雨后的1～2周或洪水过后。

（三）临床特征

病猪临床症状表现形式多样，主要有发热、黄疸、血红蛋白尿、出血性素质、流产、皮肤和黏膜坏死、水肿等。

1.急性型（黄疸型）

该类型多发于大猪和中猪，呈散发性。病猪体温升高、厌食、皮肤干燥，常见病猪在墙壁上摩擦皮肤至出血，1～2天内全身皮肤或黏膜发黄，尿呈浓茶样或血尿。病后数日，有时数小时内病猪突然惊厥而死亡。

2.亚急性型和慢性型

该类型多发生在断奶前后，体重30千克以下的仔猪，病初有不同程度的体温升高，眼结膜潮红，食欲减退，几天后眼结膜潮红浮肿或泛黄或苍白浮肿。皮肤有的发红、瘙痒，有的轻度泛黄，有的头颈部水肿，尿呈茶样至血尿。病猪逐渐消瘦，病程十几天至一个月，病死率50%～90%。

母猪一般无明显的临诊症状，有时可表现出发热、无乳。但妊娠4～5周母猪感染后4～7天可发生流产和死产，流产率可达20%～70%。怀孕后期的母猪感染后可产弱仔，仔猪不能站立，不会吸乳，1～2天死亡。

（四）病理变化

剖检可见皮肤（图4-3）、皮下组织（图4-4）、浆膜（图4-5）、可视黏膜（图4-6）和部分内脏黄染，关节腔（图4-7）、胸腔和心包腔内有黄色积液。膀胱内积有血样尿液。心内膜、肠系膜出血。膀胱黏膜黄染、出血（图4-8）。肝脏肿大、棕黄色、有坏死灶（图4-9）。肾脏肿大，慢性者有散在灰白色病灶（图4-10）。水肿型病例，可见头颈部出现水肿。流产胎儿身上有出血点，肝坏死，肺出血。

图4-3　仔猪皮肤黄染
（陈立功供图）

图4-4　脑部皮下组织黄染
（陈立功供图）

图4-5　肺脏、肋骨和胃浆膜黄染
（陈立功供图）

图4-6　眼结膜黄染（陈立功供图）

图4-7　皮下黄染，髋关节腔积黄色
　　　　液体（陈立功供图）

图4-8　膀胱黏膜黄染
　　　　　（陈立功供图）

图4-9　肝脏坏死（陈立功供图）

图4-10　肾脏皮质部表面的坏死，有灰白色病灶（陈立功供图）

（五）实验室诊断

根据流行特点、临床症状和剖检病变可做出初诊。确诊应采取病猪血液（发热期）或尿液或脑脊液（无热期），死猪肝、肾等病料送实验室进行暗视野活体或染色体检查，见到病原体即可确诊。

（六）类似病症鉴别

该病应与猪圆环病毒2型感染、布鲁氏菌病、猪蛔虫病、猪附红细胞体病、黄曲霉毒素中毒、猪磺胺类药物中毒、新生仔猪溶血病等相鉴别。

1.与猪圆环病毒2型感染的鉴别

相关内容见"第一章 猪病毒病的类症鉴别"中"五、猪圆环病毒2型感染"。

2.与布鲁氏菌病的鉴别

相关内容见"第二章 猪细菌病的类症鉴别"中"二、布鲁氏菌病"。

3.与猪蛔虫病的鉴别

相关内容见"第三章 猪寄生虫病的类症鉴别"中"一、猪蛔虫病"。

4.与猪附红细胞体病的鉴别

（1）相似点　黄疸。

（2）不同点　钩端螺旋体在暗视野或相差显微镜下，呈细长的丝状、圆柱形，螺纹细密而规则，菌体两端弯曲成钩状，常呈"C"或"S"形弯曲，运动活泼并沿其长轴旋转。附红细胞体感染猪的抗凝血镜检可见红细胞变形为齿轮状、星芒状或不规则形。

5.与黄曲霉毒素中毒的鉴别

（1）相似点　黄疸。

（2）不同点　钩端螺旋体在暗视野或相差显微镜下，呈细长的丝状、圆柱形，螺纹细密而规则，菌体两端弯曲成钩状，常呈"C"或"S"形弯曲，运动活泼并沿其长轴旋转。黄曲霉毒素中毒确诊需要做霉菌分离培养和饲料中黄曲霉毒素含量测定。

6.与猪磺胺类药物中毒的鉴别

（1）相似点　皮下黄染。

（2）不同点　钩端螺旋体在暗视野或相差显微镜下，呈细长的丝状、圆柱形，螺纹细密而规则，菌体两端弯曲成钩状，常呈"C"或"S"形弯曲，运动活泼并沿其长轴旋转。猪磺胺类药物中毒病例应有磺胺类药物用药史；采集病猪尿样、猪饮用的水样等样品进行高效液相色谱法、气相色谱-质谱法等实验室检测磺胺类药物残留阳性即可确诊。

7.与新生仔猪溶血病的鉴别

（1）相似点　黄疸。

（2）不同点　钩端螺旋体在暗视野或相差显微镜下，呈细长的丝状、圆柱形，螺纹细密而规则，菌体两端弯曲成钩状，常呈"C"或"S"形弯曲，运动活泼并沿其长轴旋转。新生仔猪溶血病属Ⅱ型超敏反应性免疫病；采母猪血清或初乳仔猪的红细胞做凝集试验，阳性者即可确诊。

（七）防制方法

1.预防措施

病猪及时隔离，消毒被污染的水源、场地、用具，清除污水和积粪。消灭场内老鼠。及时用钩端螺旋体病多价菌苗进行紧急预防接种。

2.治疗方法

对症状轻微的病猪可用链霉素或庆大霉素肌注。在猪群中发现感染，应在饲料中加入四环素，进行全群治疗。对急性、亚急性病例，在病因疗法的同时结合对症疗法，其中以葡萄糖、维生素C静脉注射及强心利尿剂的应用，对提高治愈率有重要作用。

第五章　猪支原体病的类症鉴别

一、猪支原体肺炎

猪支原体肺炎又称猪地方流行性肺炎、猪地方性肺炎，俗称猪气喘病，是由猪肺炎支原体引起的一种接触性慢性呼吸道传染病。

（一）病原

病原为猪肺炎支原体，无细胞壁呈多形性，常见的为球状、杆状、丝状及环状。该病原的染色性较差，革兰氏染色呈阴性，着色不佳，用吉姆萨染色和瑞特染色良好。

（二）流行病学

不同日龄、品种的猪均易感，其中哺乳仔猪及幼猪最易发病，其次是怀孕后期及哺乳母猪，含有太湖猪血缘的杂交猪最易感染。该病主要经呼吸道传染，一年四季均可发生，但一般在气候多变、阴湿、寒冷的冬春季节发病严重，症状明显。新疫区常呈暴发性流行，发病率与死亡率均较高。该病反复性强，药物治疗效果不佳，严重影响生长及饲料报酬率。

（三）临床特征

发病猪主要病状为咳嗽、气喘。病初为短声连咳，特别是在吃食、剧烈跑动、早晨出圈、夜间和天气骤变时最容易听到，同时流出大量清鼻液，病重时流灰白色黏性或脓性鼻液。中期出现气喘，呼吸次数剧增，呈明显的腹式呼吸（视频5-1），体温一般正常，精神、食欲无明显变化。后期，气喘加重，呈犬坐姿势（图5-1），发生哮鸣音，甚至张口喘气，病猪精神不振、消瘦（图5-2）、行走无力。饲养条件好时，可以康复，但仔猪发病后死亡率较高。

视频 5-1

病猪腹式呼吸，消瘦

（四）病理变化

剖检时可见肺脏显著增大，两侧肺的心叶、尖叶、膈叶以及中间叶发生对称性的肉样实变与周围肺组织界线明显（图5-3）。实变区呈紫红色或深红色（图5-4），压之有坚硬感觉，非实变区出现水肿、气肿和淤血，或者无显著变化。肺门淋巴结和纵隔淋巴结肿大、质硬，断面呈黄白色、呈髓样变，淋巴滤泡明显增生。

图5-1 育肥期病猪呈犬坐姿势
（张芳供图）

图5-2 病猪发育不良
（张春立供图）

图5-3 肺肉样实变（一）
（陈立功供图）

图5-4 肺肉样实变（二）
（肖娜供图）

（五）实验室诊断

根据流行特点、临床症状和病理变化可做出初步诊断。必要时可取病料做支原体分离培养、PCR检测进行确诊。

（六）类似病症鉴别

该病应与猪流行性感冒、猪巴氏杆菌病、副猪嗜血杆菌病、猪霉菌性肺炎等呼吸道疾病相鉴别。

1.与猪流行性感冒的鉴别

相关内容见"第一章 猪病毒病的类症鉴别"中"九、猪流行性感冒"。

2.与猪巴氏杆菌病的鉴别

相关内容见"第二章 猪细菌病的类症鉴别"中"五、猪巴氏杆菌病"。

3.与副猪嗜血杆菌病的鉴别

相关内容见"第二章 猪细菌病的类症鉴别"中"十、副猪嗜血杆菌病"。

4.与猪霉菌性肺炎的鉴别

（1）相似点 呼吸道症状。

（2）不同点 猪支原体肺炎病例在剖检时常见心叶和尖叶对称性的肉样或虾样实变；病料经PCR方法检测呈猪肺炎支原体膜蛋白基因阳性。猪霉菌性肺炎病理组织制片镜检常能见到真菌。

（七）防制方法

1.预防措施

加强饲养管理，增强猪的抵抗力。提倡自繁自养，不从疫区引入猪，新购进的猪要加强检疫，进行隔离观察，确认无病后，方可混群饲养。疫苗预防可用猪气喘病弱毒疫苗，免疫期在8个月以上，保护率70%～80%。有条件的猪场可培育无病原菌的种猪，建立无猪气喘病的健康猪场。

2.治疗方法

病猪应严格隔离、治疗。被污染的猪舍、用具等，可用2%火碱水喷雾消毒。病猪可选用长效土霉素。

若大群发病采用以下措施：强力霉素或泰乐菌素配合水溶性阿莫西林，按药物说明书规定剂量使用5～7天。

二、猪滑液支原体关节炎

猪滑液支原体关节炎是由猪滑液支原体引起的一种猪的非化脓性关节炎。

（一）病原

该病病原体为猪滑液支原体，吉姆萨染色标本，除有0.3～0.6微米典型蓝紫色球杆状菌体外，还有直径5～10微米的蓝染的球形菌体。

（二）流行病学

4～8周龄仔猪发生较少，10～20周龄猪群易暴发。病猪黏膜分泌物中排出大量病原体，主要经鼻、咽部感染。

（三）临床特征

病猪突然出现跛行，有轻度体温升高或没有体温升高，急性跛行持续3～10天后多数病猪逐渐好转。发病率一般为1%～5%，死亡率很低，当病猪不能饮食或被踩压等才引起死亡。

（四）病理变化

急性病例，关节滑膜肿胀、充血、水肿，滑液量明显增多，呈黄褐色。亚急性病例，滑膜黄色或褐色，充血、增厚，绒毛轻度肥大。慢性病例，滑膜增厚更为明显，可见到血管翳形成，有时见到关节软骨溃烂。

（五）实验室诊断

根据临床的特殊症状和特异的病理变化，可做出初步诊断，但确诊需从急性期的关节液中分离、鉴定病原。

（六）类似病症鉴别

该病应与布鲁氏菌病、猪丹毒（关节炎型）、猪链球菌病（关节炎型）、副猪嗜血杆菌病等相鉴别。

1.与布鲁氏菌病的鉴别

相关内容见"第二章 猪细菌病的类症鉴别"中"二、布鲁氏菌病"。

2.与猪丹毒（关节炎型）的鉴别

相关内容见"第二章 猪细菌病的类症鉴别"中"四、猪丹毒"。

3.与猪链球菌病（关节炎型）的鉴别

相关内容见"第二章 猪细菌病的类症鉴别"中"六、猪链球菌病"。

4.与副猪嗜血杆菌病的鉴别

相关内容见"第二章 猪细菌病的类症鉴别"中"十、副猪嗜血杆菌病"。

（七）防制方法

至今，该病无商品化疫苗，必须采取综合性预防措施，重点是不从有病的地区引进种猪，防止其在易感年龄内发生各种应激。发病猪群可用泰乐菌素、林可霉素等药物治疗。为减轻疼痛，可注射可的松类药物，但只需注射一次，不能反复应用。

第六章　猪附红细胞体病的类症鉴别

视频 6-1

感染附红细胞体的
红细胞形态

猪附红细胞体病（简称附红体病）是由附红细胞体（简称附红体）引起的一种人畜共患传染病，以贫血、黄疸和发热为特征。

（一）病原

附红细胞体是一种多形态微生物，多呈环形、球形和椭圆形，少数呈杆状、月牙状、顿号形、串珠状等不同形态。其附于红细胞表面或在血浆中做摇摆、扭转、翻滚等运动。寄生于红细胞表面时，使红细胞变形为齿轮状、星芒状或不规则形（图6-1、图6-2、视频6-1）。吉姆萨染色呈紫红色，瑞氏染色呈蓝黑色。

（二）流行病学

附红体宿主有鼠类、绵羊、山羊、牛、猪、狗、猫、鸟类和人等。病猪和隐性感染猪是主要传染源。该病经接触性传播、血源性传播、垂直传播（母猪经子宫、胎盘感染胎猪）及媒介昆虫传播等。一年四季均可发病，但多发生于夏、秋和雨水较多的季节及气候易变的冬、春季节。

图6-1　感染附红细胞体红细胞变形（400×）（一）（陈立功供图）

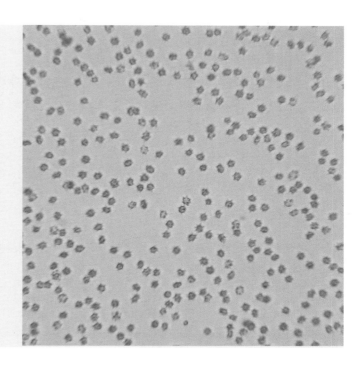

图6-2　感染附红细胞体红细胞变形（400×）（二）
（肖娜供图）

（三）临床特征

动物感染附红体多呈隐性经过，受应激因素刺激可出现临诊症状。育肥猪、成年猪发病率高，死亡率低。哺乳仔猪和断奶仔猪发病后症状严重，死亡率高。一旦有继发病和混合感染损失更加严重。

猪急性期表现发热，体温42℃，食欲不振，精神委顿，黏膜苍白，常以"红皮"为特征，即背腰及四肢末梢淤血，特别是耳郭边缘发紫，仔细观察可见毛孔处有针尖大小的微细红斑，尤以耳部皮肤明显（图6-3）。持续感染病例耳郭边缘甚至大部分耳郭可能会发生坏死。慢性型病猪消瘦、苍白、有时出现荨麻疹型或疹斑型皮肤变态反应。

图6-3　耳部皮肤毛孔处弥漫性渗出性出血（陈立功供图）

（四）病理变化

剖检主要病变为黄疸、贫血，全身肌肉色泽变淡，血液稀薄呈水样、凝固不良。皮下组织（图6-4）、黏膜、浆膜（图6-5）、心冠脂肪及心外膜黄染（图6-6）。胃黏膜黄染，有散在的出血斑。肾黄染。肝脂肪变性、有实质性变化和坏死，胆汁浓稠有的可见结石样物质。脾被膜有结节，结构模糊。

（五）实验室诊断

根据贫血、黄疸、体温升高等症状，结合病理特点、镜检即可确诊。

（六）类似病症鉴别

该病应与表现黄疸症状疾病（猪蛔虫病、钩端螺旋体病及猪黄曲霉毒素中毒等）、皮下黄染的疾病（猪磺胺类药物中毒、新生仔猪溶血病）以及仔猪缺铁性贫血和猪硒缺乏症等相鉴别。

图6-4　皮下黄染（陈立功供图）

图6-5　肺脏浆膜弹性降低、黄染（陈立功供图）

图6-6　心冠脂肪、心外膜黄染
（陈立功供图）

1.与猪蛔虫病的鉴别

相关内容见"第三章 猪寄生虫病的类症鉴别"中"一、猪蛔虫病"。

2.与钩端螺旋体病的鉴别

相关内容见"第四章 猪螺旋体病的类症鉴别"中"二、钩端螺旋体病"。

3.与猪黄曲霉毒素中毒的鉴别

（1）相似点　黄疸。

（2）不同点　附红细胞体感染猪的抗凝血镜检可见红细胞变形为齿轮状、星芒状或不规则形。猪黄曲霉毒素中毒病例确诊需要做霉菌分离培养和饲料中黄曲霉毒素含量测定。

4.与猪磺胺类药物中毒的鉴别

（1）相似点　皮下黄染。

（2）不同点　附红细胞体感染猪的抗凝血镜检可见红细胞变形为齿轮状、星芒状或不规则形。猪磺胺类药物中毒病例应有磺胺类药物用药史；采集病猪尿样、猪饮用的水样等样品进行高效液相色谱法、气相色谱-质谱法等实验室检测磺胺类药物残留阳性即可确诊。

5.与新生仔猪溶血病的鉴别

（1）相似点　黄疸；皮下黄染。

（2）不同点　附红细胞体感染猪的抗凝血镜检可见红细胞变形为齿轮状、星芒状或不规则形。新生仔猪溶血病属Ⅱ型超敏反应性免疫病；采母猪血清或初乳仔猪的红细胞做凝集试验，阳性者即可确诊。

6.与仔猪缺铁性贫血的鉴别

（1）相似点　消瘦、贫血。

（2）不同点　仔猪缺铁性贫血不具有传染性，据流行病学调查、临诊症状、红细胞计数、血红蛋白含量测定结果及特异性治疗（用铁制剂）疗效明显，即可做出诊断。

7.与猪硒缺乏症的鉴别

（1）相似点　神经症状；肝脏损伤。

（2）不同点　猪硒缺乏症属于营养代谢性疾病，根据临诊基本症候群，结合病史、病理变化及亚硒酸钠治疗效果等，可做出初步诊断。确诊需采血液做硒定量测定和谷胱甘肽过氧化物酶活性测定。

（七）防制方法

1.预防措施

预防该病要采取综合性措施，科学的饲养管理和消除应激因素是最重要的；要驱除媒介昆虫；做好针头、注射器的消毒。将四环素类等抗生素混于饲料中，可预防猪发生该病。

2.治疗方法

治疗可选用长效土霉素、四环素等药物。仔猪和慢性感染的猪应进行补铁。在治疗中要注意补充维生素C、维生素B_1等。

第七章 猪真菌病的类症鉴别

一、猪皮肤真菌病

猪的皮肤真菌病又称皮霉病、表皮真菌病、小孢子菌病等，是由多种皮肤致病性真菌所引起的猪皮肤病的总称。

（一）病原

该病是由真菌门中的半知菌亚门念珠菌目念珠菌科的各种小孢子菌和毛癣菌感染引起的，有钱癣和蔷薇糠疹等。

（二）流行病学

该病在猪场往往为散发，各种日龄猪均可发病。

（三）临床特征

常发生于背部、腹部、胸部和股外侧部，有时初见于头部，严重时发生于全身，而腕部及跗关节以下部位未见发病。病初仅见皮肤有斑块状的中度潮红，嵌有小的水疱，然后水疱破裂，浆液外渗，在病损的皮肤上形成灰色至黑色的圆斑和皮屑；再经4～8周后可自行痊愈。病情较重时，继丘疹、水疱之后，可发生毛囊炎或毛囊周围炎，引起结痂、痂壳形成和脱屑、脱毛。于是在皮肤上形成圆形癣斑，上有石棉板样的鳞屑，称此为斑状秃毛。或当癣斑中部开始痊愈、生毛，而周围边缘部分脱毛仍在进行，称此为轮状脱毛。当皮肤癣菌感染严重时，常引起皮下结缔组织大量增生，导致淋巴液和血液回流受阻，皮肤肥厚而发生象皮病。病猪也可见到轻度的瘙痒症状。该病对吃料、生长性能无明显的影响。

（四）实验室诊断

除了皮肤出现红斑等炎症反应外，内脏器官无明显的病理变化。霉菌孢子污染受损皮肤后，在表皮角质层内发芽，长出菌丝蔓延深入毛囊。由于霉菌的溶蛋白酶和溶角质酶的作用，菌丝进入毛根，并随毛向外生长，受害毛发长出后很容易折断，毛发大量折断脱落后形成无毛斑。由于菌丝在表皮角质层中大量增生，表皮很快发生角质化和引起炎症，结果造成皮肤粗糙、脱屑、渗出和结痂。取组织制片镜检常能见到真菌。

（五）类似病症鉴别

该病应与猪疥螨病和湿疹相鉴别。

1.与猪疥螨病的鉴别

相关内容见"第三章 猪寄生虫病的类症鉴别"中"十二、猪疥螨病"。

2.与湿疹的鉴别

（1）相似点　皮肤病变。

（2）不同点　猪皮肤真菌病具有传染性，取病猪组织制片镜检常能见到真菌。湿疹无传染性，与潮湿的气候与环境有密切关系。

（六）防制方法

1.预防措施

该病尚无免疫预防的办法，平时应加强饲养管理，搞好圈舍及畜体皮肤卫生，在平时给幼畜补饲维生素A可作为一项预防措施。病猪及时隔离、治疗，对猪舍及用具等进行严格消毒。

2.治疗方法

对猪患部应先剪毛，用湿肥皂水洗净痂皮，再涂擦10%水杨酸酒精或油膏，或5%～10%硫酸铜溶液等，每天或隔天涂敷，直至痊愈。

投服维生素A，喂给营养平衡的饲料以及创造良好卫生的猪舍条件都有促进痊愈的作用。治疗结束后应对猪舍进行彻底的清洁和消毒。

二、猪毛霉菌病

猪毛霉菌病是由毛霉科的真菌引起的一种急性或慢性真菌病。

（一）病原

毛霉菌在病变组织中的菌丝粗大，并可形成较多的皱裙但菌丝内无分隔，分枝小而钝，常呈直角，无孢子。由于其菌丝宽阔，不分隔和共浆的细胞性等特点，故将之称为毛霉菌。

（二）流行病学

毛霉菌广泛存在于自然环境中。

（三）临床特征

病猪有呕吐和腹泻等胃肠炎症状，或有胃炎和胃溃疡，氯霉素治疗不能止泻，最后死亡。未死猪屠宰前体背消瘦，被毛紊乱。妊娠母猪发生真菌性胎盘炎而流产。

（四）病理变化

剖检病变主要是胃肠炎和肝脏肉芽肿。肝脏隔面、左外叶脏面有结节，微隆起、边缘不齐呈花边样，切面软、粉红色或灰红色，边缘有时见出血带。肝门淋巴结增大，剖面稍外翻，外边及切面呈淡黄色，边缘出血。肺膈叶顶端有一卵圆形肿块，切面灰白色，中央呈干酪样坏死，边缘有一圈出血带，肿块外无包膜，膈叶中央部有圆形的肿块。胃小弯近胰腺旁有肿块，切面灰白色，部分出血坏死，肿块边缘有一圈深紫色、花边样的出血带。肠系膜淋巴结肿大，切面灰白色、出血、坏死。回盲瓣、结肠处肠壁增厚。育肥猪病灶位于颌下部，肿块椭圆，有的扩散到胃浆膜、肝及肠系膜淋巴结。小乳猪发生于胃，在贲门和幽门见有大的静脉梗死，有的胃黏膜上有厚的凝固性坏死物。母猪胎盘水肿，绒毛膜坏死，其边缘显著增厚，呈皮革样外观。流产胎儿皮肤上有灰白色的圆形至融合的斑块状隆起的病变。

（五）实验室诊断

临床症状和剖检病变只能作为诊断的参考，确诊要靠真菌学检查。

（六）类似病症鉴别

该病应与猪传染性胃肠炎、猪流行性腹泻、猪轮状病毒病、猪传染性胸膜肺炎、猪旋毛虫病等相鉴别。

1. 与猪传染性胃肠炎的鉴别

相关内容见"第一章 猪病毒病的类症鉴别"中"十、猪传染性胃肠炎"。

2. 与猪流行性腹泻的鉴别

相关内容见"第一章 猪病毒病的类症鉴别"中"十一、猪流行性腹泻"。

3. 与猪轮状病毒病的鉴别

相关内容见"第一章 猪病毒病的类症鉴别"中"十二、猪轮状病毒病"。

4. 与猪传染性胸膜肺炎的鉴别

相关内容见"第二章 猪细菌病的类症鉴别"中"九、猪传染性胸膜肺炎"。

5. 与猪旋毛虫病的鉴别

相关内容见"第三章 猪寄生虫病的类症鉴别"中"八、猪旋毛虫病"。

（七）防制方法

1. 预防措施

毛霉菌广泛存在于自然环境中，因此，要预防该病的发生，必须保持洁净的环境、新鲜的空气，加强饲养管理，提高猪体的抵抗力。一旦发现该病，应做好隔离和消毒工作。

2. 治疗方法

该病尚无特异的治疗措施。

三、猪霉菌性肺炎

猪霉菌性肺炎是指由病原性霉菌引起的猪的一种感染性疾病。

（一）病原

该病病原为病原性霉菌（小型丝状真菌，如毛霉、根霉）。

（二）流行病学

该病常发生于气候温暖的南方，尤其是雨季，发病率低，但病死率高，以中猪的发病率和死亡率高，母猪和哺乳仔猪不发病。若哺乳仔猪开食饲料被污染，将全部发病，以开食的哺乳仔猪和断奶仔猪的发病率和死亡率最高。仔猪对发霉饲料最敏感，发病多在开食后15～20天，先补料的先发病、先死亡，体格大、膘情较好的仔猪先发病、先死亡，治愈率较低。

（三）临床特征

早期症状和猪气喘病相似，表现呼吸急促，腹式呼吸，鼻孔流出少量黏液性或浆液性渗出物。多数病猪体温升高至40.4～41.5℃，呈稽留热。随后食欲减少或停食，渴欲增加，精神委顿，皮毛松乱，静卧于地上或躲于一角，不愿走动。强行驱赶，步态困难，并仰头张口呼吸。在发病中后期，多数病猪下痢，尤以小猪更严重，粪便稀烂、腥臭，肛门周围及后躯被排泄物污染。病猪表现脱水，眼球凹陷，皮肤皱缩，体重明显减轻。急性病例，经5～7天死亡，濒死期体温降至常温以下。亚急性病例，经10天左右死亡。少数病例，病程可拖延至30～40天，并有侧头、反应增高的神经症状，最后起立无力，极度衰弱死亡，治愈率低。

（四）病理变化

肺脏充血、水肿，间质增宽，充满混浊液。整个肺的表面，不同程度地分布有肉芽样的灰白色或黄白色的圆形结节，尤以膈叶最多，结节的大小不一，多为针头大至粟粒大，少数似绿豆大，触感较坚实。肺切面流出大量带泡沫的血水。切开气管、喉头及鼻腔，均见充满白色泡沫。心包增厚，心包腔积水，心冠脂肪胶样水肿。胸腹腔积水增多，如血水样，接触空气后，能凝固，呈胶冻样物。全身淋巴结有不同程度的水肿，尤以肺门、股内侧及颌下淋巴结最为显著，切面多汁，常见干酪样坏死。肾淤血，中央有针尖大至粟粒大的结节。胃黏膜有黄豆大的纽扣样溃疡、棕黄色，表现为同心环状结构。下痢的病猪，其大肠黏膜有卡他性炎，但无出血。

（五）实验室诊断

临床症状和剖检病变只能作为诊断的参考，确诊要靠真菌学检查。

（六）类似病症鉴别

该病应与猪圆环病毒2型感染、伪狂犬病、猪传染性胃肠炎、猪流行性腹泻、猪轮状病毒病、仔猪副伤寒、猪大肠杆菌病、猪梭菌性肠炎、猪增生性肠炎、猪毛首线虫病、猪球虫病、猪食道口线虫病、猪痢疾、猪支原体肺炎等相鉴别。

1.与猪圆环病毒2型感染的鉴别

相关内容见"第一章 猪病毒病的类症鉴别"中"五、猪圆环病毒2型感染"。

2. 与伪狂犬病的鉴别

相关内容见"第一章 猪病毒病的类症鉴别"中"六、伪狂犬病"。

3. 与猪传染性胃肠炎的鉴别

相关内容见"第一章 猪病毒病的类症鉴别"中"十、猪传染性胃肠炎"。

4. 与猪流行性腹泻的鉴别

相关内容见"第一章 猪病毒病的类症鉴别"中"十一、猪流行性腹泻"。

5. 与猪轮状病毒病的鉴别

相关内容见"第一章 猪病毒病的类症鉴别"中"十二、猪轮状病毒病"。

6. 与仔猪副伤寒的鉴别

相关内容见"第二章 猪细菌病的类症鉴别"中"六、仔猪副伤寒"。

7. 与猪大肠杆菌病的鉴别

相关内容见"第二章 猪细菌病的类症鉴别"中"七、猪大肠杆菌病"。

8. 与猪梭菌性肠炎的鉴别

相关内容见"第二章 猪细菌病的类症鉴别"中"十四、猪梭菌性肠炎"。

9. 与猪增生性肠炎的鉴别

相关内容见"第二章 猪细菌病的类症鉴别"中"十五、猪增生性肠炎"。

10. 与猪毛首线虫病的鉴别

相关内容见"第三章 猪寄生虫病的类症鉴别"中"六、猪毛首线虫病"。

11. 与猪球虫病的鉴别

相关内容见"第三章 猪寄生虫病的类症鉴别"中"十、猪球虫病"。

12. 与猪食道口线虫病的鉴别

相关内容见"第三章 猪寄生虫病的类症鉴别"中"十三、猪食道口线虫病"。

13. 与猪痢疾的鉴别

相关内容见"第四章 猪螺旋体病的类症鉴别"中"一、猪痢疾"。

14. 与猪支原体肺炎的鉴别

相关内容见"第五章 猪支原体病的类症鉴别"中"一、猪支原体肺炎"。

（七）防制方法

1. 预防措施

应采取综合性防制措施。发病后首先停喂发霉饲料，补充青绿饲料及矿物质，隔离病猪及可疑染病猪。

2. 治疗方法

对大群猪防制，用2%糖水代替饮用水，连服3天。病猪用结晶紫分点肌内注射，并配合肌注磺胺嘧啶。

第八章　猪中毒病的类症鉴别

一、猪玉米赤霉烯酮中毒

猪玉米赤霉烯酮中毒是猪采食了含赤霉烯酮的玉米而发生的中毒。

（一）病因

赤霉烯酮是禾谷镰刀菌、粉红镰刀菌和串珠镰刀菌等镰刀菌在无性繁殖阶段的分生孢子期感染小麦、玉米等谷物后产生的一种次级代谢产物。玉米赤霉烯酮稳定性较强，不能通过饲料加工而降解。动物摄取受污染的饲料，该毒素与雌激素受体结合，引起类似雌激素过多的症状，即生殖器官的功能和形态变化。在所有动物中，猪的表现最明显。母畜性成熟期前是最敏感的阶段。春季和夏季易暴发。该病发病急，发病率高达100%，但死亡率低，对母猪的致病性严重。

（二）临床特征

中毒症状轻重主要取决于发病季节、仔猪直接摄入毒素剂量和中毒的持续时间。中毒母猪卵巢萎缩、发情期延长、持续黄体、假孕、生殖力减弱、死产、受精失败和产弱仔增多。仔猪中毒，有的是在子宫内的胚胎发育期，或通过摄入母猪乳汁引起，临床症状与成年动物相同，表现为阴户（图8-1）和乳头红肿，阴户和子宫肥大，阴道或直肠脱出，小公猪乳房增大。种公猪睾丸萎缩，性欲降低，乳腺不同程度地增大。

图8-1　仔猪阴户红肿

（陈立功供图）

（三）病理变化

母猪阴户、阴道、子宫颈壁、子宫肌层和子宫内膜增厚。发情前期的小母猪，卵巢明显发育不全，常出现无黄体卵泡，卵母细胞变性；乳腺和乳头明显增大。公猪睾丸萎缩。

（四）实验室诊断

根据临床症状、病理变化和现场饲料检查可以做出初诊。确诊需采病料（肝、肾）和现场饲料样品，进行病理组织学检查和玉米赤霉烯酮结果测定。

（五）类似病症鉴别

霉菌及霉菌毒素须由专门的机构来检测。由于许多真菌能同时分泌产生几种霉菌毒素，因此常常在饲料中也可以同时检测到两种或多种霉菌毒素。这些毒素或以表现单种毒素中毒症状为主，或同时表现几种霉菌毒素中毒症状，须进行鉴别诊断。

（六）防制方法

1.预防措施
预防该病关键是防止饲料原料玉米等霉变，一旦发现霉变饲料应废弃。

2.治疗方法
中毒猪群，应停用霉变玉米，给予维生素C或葡萄糖饮水5～7天以保肝解毒。

二、猪黄曲霉毒素中毒

猪黄曲霉毒素中毒是由于猪误食了被黄曲霉或寄生曲霉污染的含有毒素的花生、玉米、麦类、豆类、油粕等而引起。

（一）病因

黄曲霉毒素主要是黄曲霉和寄生曲霉产生的有毒代谢产物。黄曲霉毒素并不是单一物质，而是一类结构极相似的化合物。黄曲霉毒素及其衍生物有20多种，以黄曲霉毒素B_1、黄曲霉毒素B_2和黄曲霉毒素G_1、黄曲霉毒素G_2毒力最慢，其中又以黄曲霉毒素B_1的毒力和致病性最强。黄曲霉和寄生曲霉等广泛存在于自然界中，主要污染玉米、花生、豆类、麦类、秸秆等农产品及其副产品。黄曲霉毒素属于嗜肝毒，对人、畜都表现出很强的细胞毒性、致突变性和致癌性。猪食霉败饲料后1～2周即可发病。

（二）临床特征

急性病猪，多发生于2～4月龄、食欲旺盛、体质健壮的幼猪，常无明显的临床症状而突然倒地死亡。亚急性病猪，体温多升高到40～41.5℃，精神沉郁，食欲减退或废绝，黏膜苍白或黄染，后躯衰弱，走路不稳，粪便干燥，直肠流血；有的猪发出呻吟或头抵墙壁不动；有的兴奋不安、抽搐和角弓反张。慢性病猪多为育成猪，精神不振，运步僵硬，拱背，有异食癖，体温正常，黏膜黄染，消瘦，肚腹蜷缩，病程较长，因慢性中毒而死亡。

（三）病理变化

病变表现为血凝不良，可视黏膜和皮下脂肪轻度黄染（图8-2），腹腔和心包有少量淡黄色积液。肝脏质脆，呈均匀一致的淡棕色或黄色，严重时呈肝硬变（图8-3），镜检可见肝组织结构被破坏，小叶间结缔组织增生，肝小叶被分割成大小不等的圆形小岛（假小叶），间质内见假胆管（图8-4）。肠系膜充血、水肿。胃广泛出血，胃底部浆膜有出血斑，盲肠、结肠明显出血。心肌柔软，心冠脂肪呈黄色胶冻状（图8-5），心内外膜有少量出血点。肺充血、水肿。脑膜充血。肾脏呈淡黄色，膀胱积有深黄色尿。全身淋巴结水肿、黄白色。脾脏表面似布着一层白色网，呈慢性增生性脾炎变化（图8-6）。

图8-2　皮下脂肪黄染
（陈立功供图）

图8-3　严重肝硬变，有大小不等的结节（陈立功供图）

图8-4　肝小叶间结缔组织增生，见假小叶和假胆管（HE，100×）（陈立功供图）

图8-5　心冠脂肪呈黄色胶冻样
（陈立功供图）

图8-6　脾脏表面似布着一层白色网（陈立功供图）

（四）实验室诊断

结合病史、临床症状和病理剖检变化可做出初步诊断。确诊需要做霉菌分离培养和饲料中黄曲霉毒素含量测定。

（五）类似病症鉴别

该病应与猪蛔虫病、钩端螺旋体病、猪附红细胞体病、新生仔猪溶血病、仔猪缺铁性贫血、猪硒缺乏症相鉴别。

1.与猪蛔虫病的鉴别

（1）相似点　黄疸。

（2）不同点　猪蛔虫病致阻塞性黄疸病猪胆管可发现蛔虫虫体。

2.与钩端螺旋体病的鉴别

相关内容见"第四章 猪螺旋体病的类症鉴别"中"二、钩端螺旋体病"。

3.与猪附红细胞体病的鉴别

相关内容见"第六章 猪附红细胞体病的类症鉴别"。

4.与新生仔猪溶血病的鉴别

（1）相似点　黄疸。

（2）不同点　猪黄曲霉毒素中毒的确诊需要做霉菌分离培养和饲料中黄曲霉毒素含量测定。新生仔猪溶血病属Ⅱ型超敏反应性免疫病；采母猪血清或初乳仔猪的红细胞做凝集试验，阳性者即可确诊。

5.与仔猪缺铁性贫血的鉴别

（1）相似点　消瘦；贫血。

（2）不同点　猪黄曲霉毒素中毒的确诊需要做霉菌分离培养和饲料中黄曲霉毒素含量测定。仔猪缺铁性贫血不具有传染性，据流行病学调查、临诊症状，红细胞计数、血红蛋白含量测定结果及特异性治疗（用铁制剂）疗效明显，即可做出诊断。

6.与猪硒缺乏症的鉴别

（1）相似点　神经症状；肝脏损伤。

（2）不同点　猪硒缺乏症属于营养代谢性疾病，根据临诊基本症候群，结合病史、病理变化及亚硒酸钠治疗效果等，可做出初步诊断。确诊需采血液做硒定量测定和谷胱甘肽过氧化物酶活性测定。

（六）防制方法

1.预防措施

该病的预防关键是做好饲料的防霉和有毒饲料的去毒工作。加强饲料管理，防止饲料发霉，严禁饲喂霉败饲料。轻度发霉（未腐败变质的），应先行粉碎，随后加清水（1：3）浸泡并反复换水，直至浸出水呈无色为止，然后再配合其他饲料饲喂。

2. *治疗方法*

目前尚无特效药物，当发生中毒时，应立即停喂霉败饲料，给予易于消化的青绿饲料，减少或不饲喂含有过多脂肪的饲料。轻度病例，不治即可自愈。严重病例，应及时投服盐类泻剂，如硫酸镁、硫酸钠，以将胃肠内毒物及时排除；还应积极采取解毒保肝和止血疗法。

三、猪克伦特罗中毒

猪克伦特罗中毒是由于猪长期采食大量含克伦特罗的饲料引起的。病猪临床上以心动过速、皮肤血管极度扩张、肌肉抽搐、运动障碍、四肢痉挛或麻痹为特点；病理学上以肌肉色泽鲜艳，肌间及内脏脂肪锐减，实质器官变性、坏死，脑水肿和神经细胞变性肿大或凝固为特征。

（一）病因

克伦特罗的商品名称为盐酸克伦特罗、盐酸双氯醇胺、克喘素等，俗称"瘦肉精"，是人工合成的一种口服强效 β 肾上腺素受体激动剂，对心脏有兴奋作用，对支气管平滑肌有较强而持久的扩张作用。猪克伦特罗中毒是由饲养者在饲料中非法添加了大量克伦特罗等商品引起的，如果人误食了含大量克伦特罗的猪肉制品后，就会发生中毒。因此，世界各国均明令禁止在食用动物中添加该类化学物质。猪饲料中不准含有克伦特罗及其制品，若有添加即为违法，应严厉打击。

（二）临床特征

猪克伦特罗中毒主要发生于育肥猪，中毒猪食欲减退、腿无力、多趴卧或侧卧；随后病情加重，食欲大减，体重下降，心跳加快，肌肉震颤、抽搐，卧地不起，体表血管怒张；随病情发展发生瘫痪，前肢屈曲，后肢僵直，驱赶不能起立，体温正常，死前尖叫、挣扎，存活者体重严重下降。

（三）病理变化

猪肉颜色鲜艳，后臀肌肉饱满丰厚，脂肪明显变薄。腹腔脂肪、肾周脂肪明显减少。肺间质增生，局部肺气肿。脾淋巴结充血肿大。右心肿大，心肌柔软、变性、坏死，髂动脉增粗。胃膨胀。大脑充血，小脑充血、水肿。脊髓灰质内出血。肾肿大，颜色变浅。

（四）实验室诊断

结合病猪有饲喂克伦特罗的药物史、临床症状和病理变化可做出初步诊断，但确诊须采集病肉或内脏等样品进行高效液相色谱法、气相色谱-质谱法等实验室检测。

（五）类似病症鉴别

该病应与猪流行性感冒、猪食盐中毒、猪中暑等相鉴别。

1.与猪流行性感冒的鉴别

相关内容见"第一章 猪病毒病的类症鉴别"中"九、猪流行性感冒"。

2.与猪食盐中毒的鉴别

（1）相似点　肌肉震颤等神经症状。

（2）不同点　发生克伦特罗中毒猪群有克伦特罗类药物用药史；采集病肉或内脏等样品进行高效液相色谱法、气相色谱-质谱法等实验室检测克伦特罗类药物阳性即可确诊。发生食盐中毒猪群有吃过量食盐史，结合对病死猪血、肝、脑等组织氯化钠的含量测定结果可确诊。

3.与猪中暑的鉴别

（1）相似点　肌肉震颤等神经症状。

（2）不同点　发生克伦特罗中毒猪群有克伦特罗类药物用药史；采集病肉或内脏等样品进行高效液相色谱法、气相色谱-质谱法等实验室检测克伦特罗类药物阳性即可确诊。猪中暑多发生于夏季，发病主要集中在中午至下午。猪中暑多因日光照射过于强烈且湿度较高；或猪受日光照射时间长；或猪圈狭小且不通风，饲养密度过大；或长途运输时运输车厢狭小，过分拥挤，通风不良等导致。

（六）防制方法

应加强法规的宣传，控制饲料源头，任何单位或个人均不得在猪饲料中添加克伦特罗类制剂。只要对猪不饲喂含该药的饲料，就会杜绝中毒的发生。中毒后无特效解毒药物。

四、猪食盐中毒

食盐是动物体内不可缺少的物质之一，但过量饲喂，又供水不足，或突然大量饲喂盐分过多的饲料（如咸菜、酱油渣、腌肉汤、菜卤等），都会引起中毒。

（一）病因

适量的食盐可增进食欲，是机体所必需的。食盐对猪的致死量为150～250克，平均每千克体重为2.2克。猪大量采食含盐量较高的咸菜、劣质咸鱼粉、饭店泔水等，或日粮含盐过多而饮水又不足会导致猪食盐中毒。另外，治疗猪病时给予过量的硫酸钠、乳酸钠也可引起中毒。

（二）临床特征

中毒病猪表现极度口渴、厌食，体温正常或稍偏高，有时呕吐。中毒猪有明显的神经症状，如兴奋不安、口吐白沫（图8-7）、四肢痉挛、肌肉震颤、来回转圈或前冲后腿、角弓反张、不避障碍。体温维持正常时间为1～4小时，体温在36℃以下者，预后不良。

图8-7 病猪口吐白沫
（陈立功供图）

（三）病理变化

剖检主要病变为脑脊髓各部有不同程度的充血和水肿，尤其是急性病例的脑软膜和大脑实质最为明显。

（四）实验室诊断

根据临床症状、病理特征及有吃过量食盐史可做出初诊。必要时采病死猪血液、肝、脑等组织进行氯化钠的含量测定。

（五）类似病症鉴别

该病应与伪狂犬病、猪流行性乙型脑炎、脑心肌炎、猪血凝性脑脊髓炎、仔猪先天性震颤、破伤风、仔猪水肿病、猪链球菌病、副猪嗜血杆菌病、李氏杆菌病、猪克伦特罗中毒、猪中暑、仔猪低血糖症、猪硒缺乏症等表现神经症状疾病相鉴别。

1.与伪狂犬病的鉴别

相关内容见"第一章 猪病毒病的类症鉴别"中"六、伪狂犬病"。

2.与猪流行性乙型脑炎的鉴别

相关内容见"第一章 猪病毒病的类症鉴别"中"十三、猪流行性乙型脑炎"。

3.与脑心肌炎的鉴别

相关内容见"第一章 猪病毒病的类症鉴别"中"十四、脑心肌炎"。

4.与猪血凝性脑脊髓炎的鉴别

（1）相似点 神经症状（肌肉颤抖）。

（2）不同点 食盐中毒病猪有吃过量食盐史，体温正常或稍偏高，无传染性。脑脊髓炎型病猪常有磨牙症状，失明，眼球震颤，眼观病变不明显，病料经RT-PCR检测呈PHEV结构蛋白（S、M、N）基因阳性，或实时定量PCR方法鉴别检测确定为PHEV阳性。

5.与仔猪先天性震颤的鉴别

相关内容见"第一章 猪病毒病的类症鉴别"中"十五、仔猪先天性震颤"。

6. 与破伤风的鉴别

相关内容见"第二章 猪细菌病的类症鉴别"中"三、破伤风"。

7. 与仔猪水肿病的鉴别

相关内容见"第二章 猪细菌病的类症鉴别"中"七、猪大肠杆菌病"。

8. 与猪链球菌病的鉴别

相关内容见"第二章 猪细菌病的类症鉴别"中"八、猪链球菌病"。

9. 与副猪嗜血杆菌病的鉴别

相关内容见"第二章 猪细菌病的类症鉴别"中"十、副猪嗜血杆菌病"。

10. 与李氏杆菌病的鉴别

（1）相似点　神经症状。

（2）不同点　食盐中毒病猪有吃过量食盐史，体温正常或稍偏高，无传染性。李氏杆菌病病料或分离纯化细菌为"V"字形排列的革兰氏阳性细小杆菌，PCR检测呈李氏杆菌16S rRNA基因阳性。

11. 与猪克伦特罗中毒的鉴别

相关内容见"第八章 猪中毒病的类症鉴别"中"三、猪克伦特罗中毒"。

12. 与猪中暑的鉴别

（1）相似点　均有神经症状；均无传染性。

（2）不同点　食盐中毒不分季节，病猪有吃过量食盐史，体温正常或稍偏高，结合病死猪血、肝、脑等组织氯化钠的含量测定结果可确诊。猪中暑多发生于夏季，发病主要集中在中午至下午。猪中暑多因日光照射过于强烈且湿度较高；或猪受日光照射时间长；或猪圈狭小且不通风，饲养密度过大；或长途运输时运输车厢狭小，过分拥挤，通风不良等导致。

13. 与仔猪低血糖症的鉴别

（1）相似点　神经症状。

（2）不同点　仔猪低血糖症的主要原因是仔猪出生后吮乳不足。根据母猪饲养管理不良、产后少乳或无乳，发病仔猪的临诊症状，尸体剖检变化及应用葡萄糖治疗的疗效能做出诊断。

14. 与猪硒缺乏症的鉴别

（1）相似点　神经症状；肝脏损伤。

（2）不同点　猪硒缺乏症属于营养代谢性疾病，根据临诊基本症候群，结合病史、病理变化及亚硒酸钠治疗效果等，可做出初步诊断。确诊需采血液做硒定量测定和谷胱甘肽过氧化物酶活性测定。

（六）防制方法

1. 预防措施

严格控制猪食盐饲喂量，一般大猪每头每天15克，中猪10克，小猪5克即可。利用酱油渣、鱼粉等含盐较多的饲料喂猪时，应与其他饲料合理搭配，一般不能超过饲料总量的10%，并注意给足饮水。

2. 治疗方法

发生食盐中毒猪群，应立即停喂含盐量过多的饲料，并供给大量的清水或糖水，促进排盐和排毒，同时用硫酸钠30～50克或油类泻剂100～200毫升，加水一次内服；用10%樟脑磺酸钠注射液2～5毫升及利尿剂（速尿），皮下或肌内注射，以强心、利尿、排毒。

五、猪磺胺类药物中毒

猪磺胺类药物中毒是由于过量使用了磺胺类药物而引起猪的药物中毒，分为急性中毒和慢性中毒两类。

（一）病因

急性中毒多见于静脉注射磺胺类钠盐时，速度过快或剂量过大。慢性中毒见于剂量过大或连续用药超过1周以上。

（二）临床症状

急性中毒猪表现为神经症状，如共济失调、痉挛性麻痹、呕吐、昏迷、食欲降低和腹泻。严重者迅速死亡。慢性中毒猪因难溶解的乙酰化物结晶损伤泌尿系统，出现结晶尿、血尿和蛋白尿等；抑制胃肠道菌群，导致消化障碍等；破坏造血功能，出现溶血性贫血、凝血时间延长和毛细血管渗血；幼畜免疫系统抑制，免疫器官出血及萎缩。

（三）病理特征

病猪全身皮肤、脂肪、心肌、肝脏、肺脏等严重黄染。胃底部有大量出血斑，肠道出血。肾脏出血、坏死、尿酸盐沉积。输尿管和膀胱内有许多颗粒状黄色物质。

（四）实验室诊断

结合用药史、临床症状和剖检病变，可做出初步诊断。采集病猪尿样、猪饮用的水样等样品进行高效液相色谱法、气相色谱-质谱法等实验室检测磺胺类药物阳性即可确诊。

（五）类似病症鉴别

该病应与钩端螺旋体病、猪附红细胞体病、新生仔猪溶血病等相鉴别。

1. 与钩端螺旋体病的鉴别

相关内容见"第四章 猪螺旋体病的类症鉴别"中"二、钩端螺旋体病"。

2. 与猪附红细胞体病的鉴别

相关内容见"第六章 猪附红细胞体病的类症鉴别"。

3.与新生仔猪溶血病的鉴别

（1）相似点　黄疸。

（2）不同点　猪磺胺类药物中毒病例应有磺胺类药物用药史；采集病猪尿样、猪饮用的水样等样品进行高效液相色谱法、气相色谱-质谱法等实验室检测磺胺类药物残留阳性即可确诊。新生仔猪溶血病属Ⅱ型超敏反应性免疫病；采母猪血清或初乳仔猪的红细胞做凝集试验，阳性者即可确诊。

（六）防制方法

1.预防措施

为防止磺胺类药的不良反应，要严格掌握剂量与疗程，在治疗弓形虫病、猪附红细胞体病时，尽量选用疗效高、作用强、溶解度大、乙酰化率低的磺胺类药，首次剂量常加倍，以后用药按常规剂量，连用3～5天后，若对所治疗疾病无效，应及时停药。在用药期间加强饲养管理，给予充足饮水，以增加尿量、促进排泄。磺胺类药物禁止与其他有肾脏毒性的药物配伍。仔猪使用磺胺类药时，宜与碳酸氢钠（小苏打）同服，以碱化尿液、提高其溶解度、促进磺胺类药物从尿中排出。

2.治疗方法

中毒猪群立即停喂含有药物的饲料，在精料中按1%比例加入小苏打饲喂。给猪提供充足饮水，水中加入维生素C，让猪自由饮用。对重症（出现结晶尿、少尿、血尿）者，用5%葡萄糖100～200毫升或5%葡萄糖生理盐水200～500毫升、5%碳酸氢钠注射液100～250毫升、10%樟脑磺酸钠注射液2毫升，静注，每天1次，连用2天。出现高铁血红蛋白时，静注1%亚甲蓝溶液，0.1～0.2毫升/千克体重。

第九章 猪内科病的类症鉴别

一、新生仔猪溶血病

新生仔猪溶血病是母猪血清和初乳中存在抗仔猪红细胞抗原的特异性血型抗体，当仔猪吸吮母乳后，突然发生的急性血管内溶血，临床上以贫血、黄疸、血红蛋白尿为特征，属Ⅱ型超敏反应性免疫病。仔猪一旦发病，死亡率可达100%。

（一）病因

仔猪父母血型不合，仔猪继承的是父母的红细胞抗原，这种抗原在妊娠期间进入母体血液循环，母猪便产生了抗仔猪红细胞的特异性同种血型抗体。这种抗体不能通过胎盘，但可分泌于初乳。仔猪吸吮了含有高浓度抗体的初乳，抗体经胃肠吸收后与红细胞表面特异性抗原结合，激活补体，引起急性血管内溶血。

（二）临床特征

症状分为最急性型、急性型和亚急性型3种病型。最急性型病例，出生时正常，即新生仔猪状态良好、精神活泼，但吸吮初乳后数小时突然发病，临床上只表现急性贫血，于12小时内未见显示黄疸、血红蛋白尿的情况下，很快陷入休克而死亡。急性型病例，临床上多见，一般在吃初乳后24小时发病，48小时出现全身症状，多数在2～3天内死亡，最初表现精神委顿，畏寒震颤，后躯摇晃，卧地尖叫，被毛粗乱逆立，皮肤苍白，衰弱，结膜黄染；严重的皮肤黄染，尿色透明呈红棕色，血液稀薄、不易凝固。亚急性型病例，不显症状。

（三）病理变化

剖检病猪全身黄染，皮下组织黄染，肠系膜、大网膜、腹膜、大小肠呈不同程度的黄色，肝肿胀黄染，脾褐色、稍肿大，肾肿大而明显，膀胱内积聚暗红色尿液。

（四）实验室诊断

根据临床症状与病变可进行初步诊断。必要时采母猪血清或初乳仔猪的红细胞做凝集试验，阳性者即可确诊。

（五）类似病症鉴别

该病应与表现贫血（仔猪缺铁性贫血）或皮下黄染的疾病［猪圆环病毒2型感染、猪蛔虫病、钩端螺旋体病、猪附红细胞体病、猪黄曲霉毒素中毒、猪磺胺类药物中毒、猪硒缺乏症（肝坏死型）］等相鉴别。

1. 与猪圆环病毒2型感染的鉴别

相关内容见"第一章 猪病毒病的类症鉴别"中"五、猪圆环病毒2型感染"。

2.与猪蛔虫病的鉴别

相关内容见"第三章 猪寄生虫病的类症鉴别"中"一、猪蛔虫病"。

3.与钩端螺旋体病的鉴别

相关内容见"第四章 猪螺旋体病的类症鉴别"中"二、钩端螺旋体病"。

4.与猪附红细胞体病的鉴别

相关内容见"第六章 猪附红细胞体病的类症鉴别"。

5.与猪黄曲霉毒素中毒的鉴别

相关内容见"第八章 猪中毒病的类症鉴别"中"二、猪黄曲霉毒素中毒"。

6.与猪磺胺类药物中毒的鉴别

相关内容见"第八章 猪中毒病的类症鉴别"中"五、猪磺胺类药物中毒"。

7.与仔猪缺铁性贫血的鉴别

（1）相似点　消瘦、贫血。

（2）不同点　据流行病学调查、临诊症状，红细胞计数、血红蛋白含量测定结果及特异性治疗（用铁制剂）疗效明显，即可做出仔猪缺铁性贫血的诊断。

8.与猪硒缺乏症（肝坏死型）的鉴别

（1）相似点　皮下黄染；肝脏损伤。

（2）不同点　猪硒缺乏症（肝坏死型）属于营养代谢性疾病，根据临诊基本症候群，结合病史、病理变化及亚硒酸钠治疗效果等，可做出初步诊断，确诊需采血液做硒定量测定和谷胱甘肽过氧化物酶活性测定。

（六）防制方法

1.预防措施

预防的关键在于预先测出母猪血清或初乳中有无对应仔猪红细胞抗原的特异性血型抗体，一般对曾生产溶血仔猪的个体，于产后进行母猪初乳抗仔猪红细胞的凝集试验，当初乳抗体效价超过1：32时，即提示所产仔猪有发生溶血病的危险。这样，在母猪产后就应采取以下预防措施。

（1）产前催乳　在预产期前10天之内进行产前催乳，投服生乳药或生乳糖浆，让怀孕母猪产前泌乳并及时挤掉。采用这种方法可使产后初乳中的抗体效价降到1：8。

（2）缓吃初乳　仔猪出生后，禁吃母乳，进行人工哺乳或由其他母猪暂时代养，实行交换哺乳。待48小时之后仔猪胃肠屏障功能已经健全，再由新生母猪哺育。

（3）产后挤乳　频繁而彻底的挤乳，可促使初乳抗体效价迅速下降，每隔1～2小时挤一次乳，效价在1：256以下的，通常经过3～6次即可降到1：16的安全范围之内，再开始让仔猪自行吸吮。

（4）其他措施　临床上对发生新生仔猪溶血病的母猪，以后改换其他公猪配种，可以不再重复该病。而对发生新生仔猪溶血病的公猪，则停止其继续配种，做淘汰处理。

2.治疗方法

治疗时发现新生仔猪溶血病，应立即停止其吸吮母乳，由近期分娩的母猪代哺或喂给人工调制的初乳等代用品，以中止特异性血型抗体的摄入，是治疗该病的首要环节。最有效的抢救措施是迅速实施各种输血疗法，输入全血或生理盐水血细胞悬液。

二、猪中暑

中暑是日射病和热射病的统称，是猪在外界光或热作用下或机体产热过多而散热不良时引起的机体急性体温过高的疾病。日射病是指在炎热季节，猪受日光直射头部引起的脑充血或脑炎，导致中枢神经系统功能严重障碍；热射病是因猪圈内拥挤闷热、通风不良或用密闭的货车运输，使猪体散热受阻，引起严重的中枢神经功能紊乱。

（一）病因

该病多发生于夏季，发病主要集中在中午至下午。夏季日光照射过于强烈且湿度较高；或猪受日光照射时间长；或猪圈狭小且不通风，饲养密度过大；或长途运输时运输车厢狭小，过分拥挤，通风不良等均可引发该病。

（二）临床特征

该病发病急剧，病猪可在2～3小时内死亡。日射病患猪，初期表现精神沉郁，四肢无力，步态不稳，共济失调，突然倒地，四肢作游泳样运动，呼吸急促，节律失调，口吐白沫，常发生痉挛或抽搐，迅速死亡。热射病患猪，初期表现不食，喜饮水，口吐白沫，有的呕吐；继而卧地不起、头颈贴地、神经昏迷，或痉挛、战栗，呼吸浅表间歇、极度困难。

（三）病理变化

脑及脑膜充血、水肿、广泛性出血，脑组织水肿（图9-1）。肺充血、水肿，胸膜、心包膜以及肠系膜有瘀斑和浆液性炎症。

 中暑猪大脑充血
（陈立功供图）

（四）实验室诊断

根据发病季节、时间、现场情况、特征性症状与病变，可以做出诊断。

（五）类似病症鉴别

该病应与伪狂犬病、猪流行性乙型脑炎、脑心肌炎、猪血凝性脑脊髓炎、仔猪先天性震颤、破伤风、仔猪水肿病、猪链球菌病（脑膜炎型）、副猪嗜血杆菌病、李氏杆菌病、猪克伦特罗中毒、猪食盐中毒、猪硒缺乏症等相鉴别。

1. 与伪狂犬病的鉴别

相关内容见"第一章 猪病毒病的类症鉴别"中"六、伪狂犬病"。

2. 与猪流行性乙型脑炎的鉴别

相关内容见"第一章 猪病毒病的类症鉴别"中"十三、猪流行性乙型脑炎"。

3. 与脑心肌炎的鉴别

相关内容见"第一章 猪病毒病的类症鉴别"中"十四、脑心肌炎"。

4. 与猪血凝性脑脊髓炎的鉴别

（1）相似点　神经症状。

（2）不同点　猪中暑多发生于夏季，发病主要集中在中午至下午。发病多因日光照射过于强烈且湿度较高；或猪受日光照射时间长；或猪圈狭小且不通风，饲养密度过大；或长途运输时运输车厢狭小，过分拥挤，通风不良等导致。猪血凝性脑脊髓炎病猪常有磨牙症状，失明，眼球震颤，眼观病变不明显。病料经RT-PCR检测呈PHEV结构蛋白（S、M、N）基因阳性，或实时定量PCR方法鉴别检测确定为PHEV阳性。

5. 与仔猪先天性震颤的鉴别

相关内容见"第一章 猪病毒病的类症鉴别"中"十五、仔猪先天性震颤"。

6. 与破伤风的鉴别

相关内容见"第二章 猪细菌病的类症鉴别"中"三、破伤风"。

7. 与仔猪水肿病的鉴别

相关内容见"第二章 猪细菌病的类症鉴别"中"七、猪大肠杆菌病"。

8. 与猪链球菌病的鉴别

相关内容见"第二章 猪细菌病的类症鉴别"中"八、猪链球菌病"。

9. 与副猪嗜血杆菌病的鉴别

相关内容见"第二章 猪细菌病的类症鉴别"中"十、副猪嗜血杆菌病"。

10. 与李氏杆菌病的鉴别

（1）相似点　神经症状。

（2）不同点　猪中暑多发生于夏季，发病主要集中在中午至下午。猪中暑多因日光照射过于强烈且湿度较高；或猪受日光照射时间长；或猪圈狭小且不通风，饲养密度过大；或长途运输时运输车厢狭小，过分拥挤，通风不良等导致。李氏杆菌病病料或分离纯化细菌为"V"字形排列的革兰氏阳性细小杆菌，PCR检测呈李氏杆菌16S rRNA基因阳性。

11. 与猪克伦特罗中毒的鉴别

相关内容见"第八章 猪中毒病的类症鉴别"中"三、猪克伦特罗中毒"。

12. 与猪食盐中毒的鉴别

相关内容见"第八章 猪中毒病的类症鉴别"中"四、猪食盐中毒"。

13. 与猪硒缺乏症的鉴别

（1）相似点　神经症状。

（2）不同点　猪硒缺乏症属于营养代谢性疾病，根据临诊基本症候群，结合病史、病理变化及亚硒酸钠治疗效果等，可做出初步诊断。确诊需采血液做硒定量测定和谷胱甘肽过氧化物酶活性测定。

（六）防制方法

在炎热季节，必须做好饲养管理和防暑工作。栏舍内要保持通风凉爽，防止潮湿、闷热、拥挤。生猪运输尽可能安排在晚上或早上，做好防暑和急救工作。

病猪应立即将其置在阴凉、通风的地方，先用冷水浇头或灌肠，用5%葡萄糖生理盐水200毫升，10%樟脑磺酸钠注射液5毫升静脉注射。伴发肺脏充血及水肿的病猪，先注射10%樟脑磺酸钠注射液5毫升，立即静脉放血100～200毫升，放血后用复方氯化钠溶液100～300毫升，静脉注射，每隔3～4小时重复注射一次。对狂躁不安，心跳加快的病猪，皮下注射安乃近10毫升。昏迷病猪可用姜汁或大蒜汁滴鼻，以刺激鼻黏膜，促使其苏醒。

三、猪便秘

猪便秘是由于肠内容物停滞、水分被吸收，导致粪便干燥而滞留于肠道，造成肠腔阻塞的疾病。

（一）病因

猪便秘主要是由于饲喂谷糠、稻糠和粉碎不好的粗硬饲料以及饮水不足、运动量少、矿物质缺乏，或因异食吃下毛发团等，致使肠内容物停滞在某段肠管，造成肠管完全阻塞或半阻塞。还常见于患有肠道迟缓的妊娠母猪和分娩后的母猪，以及患猪瘟、猪丹毒等传染病和蛔虫、姜片虫等寄生虫病过程中。

（二）临床特征

病猪表现食欲减退或不食、口渴增加、胀肚、起卧不安，有的呻吟，呈现腹痛，常努责。

初期排少量颗粒状的干粪（图9-2），上面沾有灰色黏液，1～2天后排便停止。较小的猪，结肠便秘，在腹下常能摸到坚硬的粪块或粪球，触及该部有痛感。

图9-2 病猪排干粪（陈立功供图）

（三）病理变化

病猪腹围增大，结肠内容物干燥、变硬，直肠充满大量干硬粪球。继发性病例，有的可见肠管中有大量蛔虫阻塞，或见肠粘连，或见嵌闭性阴囊疝等。

（四）实验室诊断

主要依据病史、饲喂的饲料情况和临床症状进行诊断。

（五）防制方法

① 首先解除病因，在大便未通前禁食，仅供给饮水，若肠道尚无炎症，可用蓖麻油或其他植物油50～80毫升投服。已有肠炎的可灌服液状石蜡50～200毫升，或用温肥皂水深部灌肠。若上述方法无效，可在便秘硬结处经皮肤消毒后，直接用针头刺入硬结部中央，再接上注射器，注射液体适量，15分钟以后，用手指在硬结处轻轻搂、按搓，将硬结破碎开，再肌注甲硫酸新斯的明注射液3～9毫升。

② 直肠便秘时，应根据猪体的大小，用手指掏出。先在手指上涂上润滑剂，然后将手指插入肛门，抵到粪球后，用指尖在粪球中央掏挖，待体积缩小后，将粪球掏出。

③ 在保守治疗无效时，可行肠管切开术或肠管切除术。

④ 继发性便秘，应着重于原发病的治疗。

四、肠变位

肠变位，又称机械性肠阻塞，是由于肠管自然位置发生改变，致使肠系膜或浆膜受到挤压绞绕，肠管血液循环发生障碍，肠腔陷入部分或完全闭塞的一组重剧性腹痛病。其临床上以腹痛由剧烈狂暴转为沉重稳静、全身症状渐进加重、腹腔穿刺液浑浊混血、病程短急、直肠变位、肠段有特征性改变为特征，主要包括肠套叠、肠扭转、肠嵌闭三种类型。

（一）肠套叠

肠套叠是指一段肠管及其附着的肠系膜套入邻近一段肠管内的肠变位。

1. 病因

变质、劣质饲料使消化道运动失调；有受惊、受冷、剧烈运动、肠炎、蛔虫病、异物刺激等病史。

2. 临床特征

病猪突发剧烈腹痛，翻滚倒转，四肢划动，尾扭曲状摇摆，跪地爬行或侧卧，腹部收缩，背拱起，后肢前肢伏地，头抵地面，呻吟不止，呼吸和心跳加快，结膜潮红。中等膘情仔猪，腹部触诊常能摸到如香肠状的套叠肠管，压之痛感明显。急性病例在几天内即可死亡，慢性病例可持续数周不等。

3. 病理变化

一段肠管及其附着的肠系膜套入邻近一段肠管内（图9-3～图9-5）。

图9-3 　回肠套叠（陈立功供图）

图9-4 　回肠套叠（固定标本）
（陈立功供图）

图9-5 **小肠套叠**（肖娜供图）

4.实验室诊断

根据病史和临床症状，疑似肠套叠时应采用剖腹探查术，或根据死亡病例剖检病变即可确诊。

5.防制方法

对原发病因采取相应的预防措施，保证饲料品质，积极治疗仔猪肠道疾病，减少刺激。确诊后严禁投服泻剂，早期轻度病例手术治疗，预后良好；晚期重度病例，手术预后不良。

（二）肠扭转

肠扭转是肠管本身伴同肠系膜呈索状扭转，或因病中疝痛打滚使肠管缠结，造成肠管变位而形成阻塞不通，常发生于空肠和盲肠。

1.病因

酸败、冰冷的饲料刺激，使部分肠管产生痉挛性的剧烈蠕动，而其他部分肠管处于弛缓状态并充满内容物，该充实的肠段由于肠系膜的牵引而紧张，当前段肠内容物迅速后移时，因为猪体突然跳跃或翻转等动力作用，而发生肠扭转。

2.临床特征

基本同于肠套叠，病程数小时至1～2天，腹痛缓和，除不完全扭转外常以死亡告终。

3.病理变化

肠有顺时针或逆时针方向扭转，局部肠管淤血肿胀（图9-6）。而缠结则无定型。部分肠管胀气，严重时肠发生坏死或破裂。

图9-6　空肠肠扭转、淤血
（陈立功供图）

4.实验室诊断

根据病史和临床症状，疑似肠扭转时应采用剖腹探查术，以进一步确诊。

5.防制方法

确诊后严禁投服泻剂，尽早施行手术整复，术前采取减压、补液、强心、镇痛、解毒等措施。

（三）肠嵌闭

肠嵌闭，又名肠嵌顿，是一段肠管坠入与腹腔相通的天然孔或后天性病理性破裂口内，使肠壁血行发生闭塞，以突发腹痛或周期性慢性发病为特征，常见的是小肠嵌闭。

1.病因

仔猪脐孔愈合不全，阴囊孔先天性过大，病理性腹壁孔形成，是该病的先决条件。当充满食物的肠管落入以上孔中突起于皮肤即形成疝。如果食物不能通过孔囊（疝囊）回到正常肠腔，就会产生疼痛、肿胀、淤血和闭塞。疝临床依据发生部位不同分别称为脐疝（图9-7）、腹壁疝和阴囊疝。但脐疝、腹壁疝和阴囊疝未必都发生肠嵌闭。只有疝孔较小，肠管进入得较深，才形成肠嵌闭；若疝孔较大，不闭塞肠腔，呈周期性慢性发作的只能叫作疝。

图9-7　脐疝（肖娜供图）

2.临床特征

疝孔大粘连、嵌顿轻的，可摸到疝孔、局部有波动感、可听到肠蠕动音、有时可还纳肠管，还表现消化不良，稍消瘦，饮食、排便基本正常。疝孔小、嵌顿严重的，疝囊较结实并呈现紫色，疝孔周围触诊疼痛，腹痛剧烈，起卧不安，废食，不排便，体温初正常、后升高，如不及时治疗，往往因肠坏死而预后不良。病猪可突然发生腹痛，或周期性慢性发作。疝囊的皮肤也可能发炎。

3.病理变化

嵌顿肠管与周围组织粘连，肠壁充血、淤血。

4.实验室诊断

主要根据临床表现和基本检查、病史调查进行诊断。生前诊断应与疝鉴别。

5.防制方法

（1）预防措施　该病的发生除病理性裂口与后天性因素外，有人认为还有先天性遗传因素，故应注意选种、育种工作，淘汰易发病的品种。哺乳仔猪应防止剧烈运动和奔跑，避免一些天然孔（脐孔、鼠蹊孔）扩大裂口，导致该病的发生。

（2）治疗方法　轻症病例可以自行恢复，但最好手术彻底根除，否则容易复发。重症病例只能手术治疗，整复肠管，必要时做肠管切除术，同时必须缩小或闭合疝孔。早期手术，效果较好。无肠炎、肠坏死、肠粘连或腹膜炎等并发，一般治愈率很高。

第十章　猪外科病的类症鉴别

一、猪直肠脱

直肠后段全层肠壁脱出肛门外称直肠脱，仅部分直肠黏膜脱出肛门之外称为脱肛。

（一）病因

猪营养不良，长期腹泻、便秘、强烈努责可引起，或猪分娩时强烈努责引起。

（二）流行特点

天气寒冷潮湿时发病率较高，以2～4月龄小猪多发。

（三）临床特征

病初仅在猪排便后有小段直肠黏膜外翻（图10-1），随着病情的发展，则直肠黏膜持续脱出于肛门之外（图10-2）。严重的后段直肠全部脱出于肛门外呈圆筒状的肿胀物，表现水肿、溃烂、出血（图10-3）。病猪体温升高、食欲减退、精神委顿，且频频努责，呈排便姿势。

图10-1　部分直肠脱出

（王小波供图）

图10-2 脱出直肠呈暗红色的半圆球状（王小波供图）

图10-3 直肠脱出部分出血、溃烂（王小波供图）

（四）诊断要点

直肠脱出后呈暗红色的半圆球状或圆柱状，时间较长则黏膜水肿、发炎、干裂，甚至引起损伤、坏死或破裂，常被泥土、粪便污染。如伴有直肠套叠时，脱出的肠管较厚而硬，且可能向上弯曲。病猪表现排便姿势，频频努责，病程长者可能出现全身症状。

（五）类似病症鉴别

该病应与直肠息肉相鉴别。

与直肠息肉的鉴别

（1）相似点　病变发生部位相同。

（2）不同点　直肠息肉多分布在直肠下端，呈圆形，有细长的蒂，大多由黏膜及腺体构成，与肠壁相连接，多为单发。

（六）防制方法

1. 预防措施

重在防止便秘或下痢。对 2 ～ 4 月龄猪要喂给柔软饲料，保证有足够的蛋白质和青绿饲料，平时应使其适当地运动，饮水要充足。

2. 治疗方法

在发病初期，用温热的 1% 明矾水或 0.05% 高锰酸钾水洗净脱出的肠管及肛门周围，提起猪两后肢，使其头朝下，用食指慢慢地送回脱出部分。脱肛严重的猪只，需进行手术治疗（图10-4）。

图10-4　**手术缝合**（王小波供图）

二、猪外伤

外伤的原因不同，损害也不同。如用棍棒击打猪引起的挫伤，其皮肤仍完整，称为闭合性外伤。如被锐利器械（叉子、刀等）引起的刺伤、切伤等，称为开放性外伤。

（一）临床特征

闭合性外伤局部有红、肿、痛，白色猪可见损伤部皮肤呈暗红色或青紫色。开放性外伤可见有皮肤裂开或创口（图10-5、图10-6），体腔的脏器也可能发生损伤。若继发感染，会出现全身性反应（体温、呼吸、脉搏的变化）。

图10-5 小母猪阉割伤口
（陈立功供图）

图10-6 公猪阉割伤口
（陈立功供图）

（二）诊断要点

一般结合病因和临床特征可做出诊断。

（三）防制措施

1.预防措施

避免用棍棒击打猪。锐利器械操作严格执行无菌操作程序。

2.治疗方法

发现外伤应及时处理。对开放性外伤应将创伤上的污物及坏死组织清除后，用0.05%新洁尔灭或0.1%高锰酸钾溶液冲洗，再用纱布条浸泡0.1%雷佛奴尔溶液后，塞进伤口内做引流，直至伤口内无炎性渗出物、肉芽增生良好为止。闭合性外伤可直接涂抹5%碘酊或鱼石脂软膏等。

三、猪脐疝

脐疝是指腹腔内的器官（小肠和网膜）部分或全部通过脐孔脱入皮下的现象，脐疝可分为可复性脐疝与嵌闭性脐疝两种。

（一）病因

脐疝常因脐孔闭合不全或完全未闭锁，加上猪奔跑、挣扎、按压、强烈努责等因素，使腹内压力增大而引起发病。该病多见于小猪。

（二）临床特征

1.可复性脐疝

猪的脐部出现局限性球形肿胀（图10-7～图10-9），按压柔软，囊状物大小不一，小的如核桃大，大的可下垂至地面（图10-10、视频10-1）。病初多数猪能在改变体位时将疝的内容物还纳回腹腔。仔猪在饱腹或挣扎时，脐部肿得更大。

视频 10-1

脐疝

图10-7　脐疝（一）

（王小波供图）

图10-8 脐疝（二）（王小波供图）

图10-9 脐疝（三）（王小波供图）

图10-10 脐疝囊状物垂至地面
（王小波供图）

2.嵌闭性脐疝

猪肠管不能自行恢复，病猪表现不安、腹痛、食欲废绝、呕吐、臌气，后期排便停止，疝囊较硬、有热痛感，体温升高、脉搏数增加，若不及时治疗，可发生肠管阻塞或坏死。

（三）诊断要点

诊断可依据脐部有局限性的球形肿胀，按压柔软，能将可复性脐疝的内容物还纳腹腔，使肿胀消失，但松开手或腹压增大时又出现肿胀。

（四）防制措施

1.预防措施

种猪群中应严格淘汰有脐疝病史的猪。接产时，要无菌断脐，脐带长短要适中。同时，控制采食量，防止腹压太大造成腹壁脐孔闭合不全。

2.治疗方法

① 对于可复性脐疝，有的可自愈，若疝囊过大，必须像嵌闭性脐疝一样，可采取保守疗法（非手术疗法）和手术疗法。疝孔较小的仔猪，可用压迫绷带或在疝孔四周分点注射95%酒精或10%～15%氯化钠，每点1～5毫升，以促进局部发炎增生而闭合疝孔。手术治疗时，术前1天停食，局部剪毛消毒，仰卧保定，局部麻醉；无菌操作，纵向把皮肤提起切开，公猪避开阴茎，不要切开腹膜，把疝内脱出物还纳腹腔，用纽扣状缝合疝孔，结节缝合皮肤，撒消炎药，加强护理1周。

② 若肠管与疝囊发生粘连，则需在疝囊上切一小口，细心剥离，当发生嵌闭性脐疝时，切开疝囊后注意检查肠管的颜色变化，如发现肠管坏死，应将坏死肠管切除，使肠管断端吻合，再闭合疝孔。手术完毕，向腹腔内注入青霉素、链霉素溶液，防止肠粘连。手术后要加强护理，防止切口感染。在一周内喂食减少1/3，以防腹压过大，造成缝合处裂口。

四、猪耳血肿

猪耳血肿是指在外力作用下耳部血管破裂，血液积聚于耳郭皮肤与耳软骨之间形成的肿胀。血肿多发生在耳郭内侧，偶尔也发生在外侧。

（一）病因

猪患疥癣引起外耳道痒而抓挠；或内耳感染，猪会剧烈地摇头，挫伤耳部；或在各种环境应激因素作用下导致咬斗造成耳部损伤。

（二）临床特征

该病常发生在一侧猪耳（图10-11），病初耳尖发红边缘钝形肿胀，然后向四周扩散，5～7天波及全耳，如吹气似地鼓起，呈紫红色，中间厚达2～3.5厘米。触诊皮下有液体波动，针刺流出稀薄暗红色血水，不凝固。

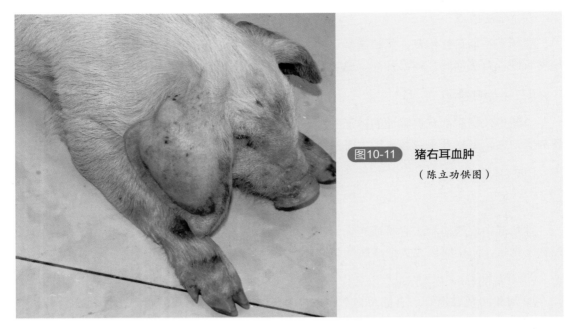

图10-11　猪右耳血肿
（陈立功供图）

（三）病理特征

血肿形成后，耳郭显著增厚并下垂，按压有波动感和疼痛反应。穿刺放血后往往复发。若反复穿刺且未严格执行无菌操作，易感染化脓。

（四）诊断要点

依据耳郭出现明显肿胀和穿刺结果，容易做出诊断。

（五）类似病证鉴别

该病应与耳部放线菌肿相鉴别。

与耳部放线菌肿的鉴别

相关内容见"第二章 猪细菌病的类症鉴别"中"十二、放线菌病"。

（六）防制措施

1.预防措施

该病的关键在于预防，减少或防止各种应激，尤其是养殖规模较大，猪的防疫注射、去势，猪群的调整比较频繁，对猪要轻拿轻放，严禁对耳部生拉硬拽，不准提单耳保定。

2.治疗方法

若血肿处发生感染形成脓肿后，可按脓肿治疗方法处理。耳部有大块血肿的母猪最好淘汰。

五、骨折

骨折是指骨的完整性和连续性中断。其大多是由创伤引起的，称为创伤性骨折；其他的可由骨骼疾病所致，包括骨髓炎、骨肿瘤所致骨损伤，受轻微外力即发生骨折，称为病理性骨折。

（一）病因

创伤性骨折多因突发性应激，如重物压断，打架，急停，急转，嵌夹于洞穴、木棚缝隙等导致。病理性骨折常与骨骼疾病有关，在外力作用下易发生。

（二）临床特征

典型临床表现为：

① 畸形。骨折断端移位可使患肢外形发生改变，主要表现为短缩、成角或旋转。

② 异常活动。正常情况下肢体不能活动的部位，骨折后出现异常的活动。

③ 骨擦音或骨擦感。骨折后，两骨折端相互摩擦时，可产生骨擦音或骨擦感。

此外，病猪发抖、出汗，当被迫运动时，表现出更剧烈疼痛；压迫骨折处表现出躲避、疼痛、反抗的反应。四肢骨折出现跛行，不能行走，强迫运动出现跳跃或卧地不起、不能站立等现象；脊椎骨折常出现瘫痪或神经麻痹；肋骨骨折出现呼吸困难。

（三）病理特征

X线检查可见骨折线。

（四）诊断要点

根据病史（有明确外伤史）、临床表现（畸形、异常活动、骨擦音）和X线检查结果可做出诊断。

（五）防制措施

① 骨折后，首先使之安静，防止断端活动，避免造成严重损伤和并发症。

② 对开放性骨折及时止血、抗休克、抗感染。

③ 对四肢骨折处用简易夹板临时固定包扎，防止造成开放性骨折，以及更多软组织损伤。

④ 有价值病猪经X线检查确实后，可采取保定、局部麻醉或浅麻醉，使骨折端正确复位，后用石膏绷带或夹板绷带固定，使断肢不能负重，需要 3 ～ 10 周，断端的骨痂才能硬固。

⑤ 适当使用镇痛药、抗生素、补钙剂和中药接骨散，促使骨愈合。

第十一章　猪产科病的类症鉴别

一、阴道脱出

阴道脱出是指母猪的阴道壁部分或全部脱出于阴门之外，常发生于怀孕末期或产后。其有阴道上壁脱出和阴道下壁脱出两种类型，但以阴道下壁脱出多见。

（一）病因

缺乏运动、日粮中常量元素和微量元素缺乏、阴道损伤或老龄母猪时，固定阴道的结缔组织松弛，容易引起阴道脱出，是该病的主要原因。腹压过高（产仔多、胎儿大、便秘等）、分娩和难产时努责也可引起阴道脱出。

（二）临床特征

① 阴道不全脱出时，母猪卧地后阴门外部突出鸡蛋大或更大些的红色球状物，而在站立后脱出物又可缩回。随着脱出物的时间拖长，脱出部逐渐增大，可发展为阴道完全脱出。

② 阴道完全脱出时，无论站立还是卧地都不能自行恢复。可见阴门外有形似网球大的球状突出物，初呈粉红色，随病情发展，阴道黏膜因摩擦等而水肿，呈紫红色冻肉状，表面常被粪土污染，最后黏膜表面干燥，流出血水。感染后，则可发炎、糜烂、坏死，有时并发直肠脱。

（三）诊断要点

根据临诊症状，容易做出诊断。

（四）防制措施

1.预防措施

加强饲养管理，喂给营养丰富易消化的饲料，日粮中要含有足够的蛋白质、无机盐及维生素，防止便秘；不要喂食过饱，以减轻腹压。让母猪适当地运动，增强肌肉的收缩力。

2.治疗方法

① 阴道部分脱出母猪应加强营养，减少卧地，迫使其处于前低后高的卧势，以降低腹压，达到自愈的目的；站立不能自行缩回时，应进行整复固定，采用"补虚益气"的中药方剂，一般能治愈。

② 阴道完全脱出应整复固定，结合药物治疗。

二、子宫脱出

子宫脱出是指一侧或两侧的子宫角全部脱出于阴道或阴门之外。该病常发生于产后数小时以内，因为此时子宫颈仍开放着，子宫角及子宫体容易翻转和脱出。

（一）病因

运动不足、胎水过多、胎儿过大或多次妊娠，致使子宫肌收缩无力；或子宫过度伸张导致子宫迟缓是其主要原因。母猪分娩时的强烈努责，以及便秘、腹泻、腹痛等引起的腹压增大，是其诱因。

（二）临床特征

1.子宫部分脱出（子宫内翻）

病猪站立时常拱背，举尾，频频努责，做排尿姿势，有时排出少量粪尿。用手伸入产道，可摸到内翻的子宫角突入子宫颈或阴道内。病猪卧下时，有时可以发现阴道内突出红色的球状物。

2.子宫全脱

常常是两个角翻转脱出，脱出的子宫角像两条粗的肠管，上有横的皱褶，黏膜呈紫红色，血管易破裂出血。子宫脱出时间稍久，黏膜发生淤血、水肿、暗红色，黏膜极易破裂出血。若患猪侧卧，黏膜上沾有草渣、粪便泥土，母猪极易感染，而表现出严重的全身症状，发现过晚、治疗不及时或治疗不当，可引起死亡。

（三）病理特征

子宫黏膜初为粉红或红色，后因淤血变为暗红、紫黑色。其还因多被污染和摩擦，出现肿胀、渗出、出血、糜烂及坏死等病变。

（四）诊断要点

根据临诊症状，不难做出诊断。

（五）防制措施

1.预防措施

加强饲养管理，喂给全价饲料和使其适当运动，预防和治疗增加腹压的各种疫病。

2.治疗方法

治疗主要是及时进行整复，并配以药物治疗。当子宫严重损伤坏死及穿孔而不宜整复时，实施子宫切除术。

第十二章　猪营养代谢病的类症鉴别

一、仔猪缺铁性贫血

仔猪缺铁性贫血，是哺乳仔猪缺铁所致的一种营养性贫血，主要发生于15～30日龄的哺乳仔猪。该病多见于秋、冬、早春季节，对猪的生长发育危害严重。

（一）病因

该病在一些地区有群发性，由于缺铁或需求量大而供应不足，影响仔猪体内血红蛋白的生成，导致红细胞的数量减少，发生缺铁性贫血。

（二）临床特征

发病仔猪主要表现精神沉郁，食欲减退，离群伏卧，被毛粗乱，体温正常，可视黏膜和皮肤苍白。稍加活动就心悸亢进，喘息不止，有时在奔跑中突然死亡。消瘦的仔猪交替出现下痢、便秘现象。

采取贫血病猪的血液进行检查，发现血液中红细胞减少，血红蛋白下降到5%以下，血色指数低于1；并出现梨形、半月形、镰刀形等异形红细胞、多染红细胞及有核红细胞，网织红细胞增多，血液稀薄、色淡、凝固性降低。

（三）病理变化

皮肤和可视黏膜苍白（图12-1），有时轻度黄染。血液稀薄不易凝固，肌肉色淡，心脏扩张，肺水肿或发生炎性病变。病程较长的病例多为消瘦。

图12-1　病猪结膜苍白
（陈立功供图）

（四）诊断要点

据流行病学调查、临诊症状，红细胞计数、血红蛋白含量测定结果，特异性治疗（用铁制剂）疗效明显，可做出诊断。

（五）类似病症鉴别

注意发生贫血的其他疾病，如母猪及仔猪饲料中缺乏钴、铜、蛋白质等也可发生贫血。缺乏铜和铁的区别是，缺铁时血红蛋白含量降低，而缺铜时红细胞数减少。

该病应与猪圆环病毒2型感染、猪蛔虫病、猪附红细胞体病、黄曲霉毒素中毒、新生仔猪溶血病等相鉴别。

1.与猪圆环病毒2型感染的鉴别

相关内容见"第一章 猪病毒病的类症鉴别"中"五、猪圆环病毒2型感染"。

2.与猪蛔虫病的鉴别

相关内容见"第三章 猪寄生虫病的类症鉴别"中"一、猪蛔虫病"。

3.与猪附红细胞体病的鉴别

相关内容见"第六章 猪附红细胞体病的类症鉴别"。

4.与黄曲霉毒素中毒的鉴别

相关内容见"第八章 猪中毒病的类症鉴别"中"二、黄曲霉毒素中毒"。

5.与新生仔猪溶血病的鉴别

相关内容见"第九章 猪内科病的类症鉴别"中"一、新生仔猪溶血病"。

（六）防制方法

1.预防措施

可在圈舍内堆放含铁的红黏土等，让猪自由拱食，预防铁缺乏。

2.治疗方法

缺铁性贫血仔猪可肌内注射含铁的多糖化合物；或补饲铁盐，如硫酸亚铁、乳酸亚铁、柠檬酸铁、酒石酸铁或葡萄糖酸铁。

二、仔猪低血糖症

仔猪低血糖症又称乳猪病或憔悴猪病，是由多种原因引起仔猪血糖降低的一种代谢病，临床上以明显的神经症状为特征。该病多发生于出生后一周龄以内的仔猪，同窝仔猪常30%～70%发病或全窝发生。死亡率占仔猪总数的25%，有时整窝仔猪全部死亡。

（一）病因

仔猪出生后吮乳不足是主要原因，仔猪患有先天性糖原不足、同种免疫性溶血性贫血、消化不良等是发病的次要原因。低温、寒冷或空气湿度过高使机体受寒是发病的诱因。仔猪患大肠杆菌病、链球菌病、传染性胃肠炎等疾病时，吮乳减少，糖吸收障碍，也可导致发病。

（二）临床特征

临床上以明显的神经症状为特征。一般仔猪在出生后的第二天开始发病，同窝猪中的大多数仔猪都可发病。最初表现精神沉郁，吮乳停止，四肢无力，肌肉震颤，步态不稳，体斜摇摆，运动失调，皮肤发冷，黏膜苍白，心跳慢而弱；后期卧地不起，呈角弓反张状或做游泳状运动，尖叫、磨牙、空嚼、口吐白沫、瞳孔散大、对光反应消失，感觉功能减退或消失，严重的昏迷不醒、意识丧失、很快死亡。

（三）病理变化

病猪消化道空虚，机体脱水。肝脏变化最为特殊，呈橘黄色，边缘锐薄，质地像豆腐（图12-2），稍碰即破；胆囊肿大，充满半透明淡黄色胆汁。肾呈淡土黄色，有散在的针尖大小出血点，肾盂和输尿管有白色沉淀物。

图12-2 肝脏橘黄色、质地脆弱易碎（陈立功供图）

（四）诊断要点

根据母猪饲养管理不良、产后少乳或无乳，环境因素的检查，发病仔猪的临诊症状，尸体剖检变化及仔猪对葡萄糖治疗的效果显著能做出诊断。必要时可测定仔猪血糖含量进行确诊（正常时血糖浓度为5～6毫摩尔/升，发病时可下降到1.6毫摩尔/升以下。若下降到1.1毫摩尔/升以下可发生痉挛现象）。

（五）类似病症鉴别

该病应与伪狂犬病、脑心肌炎、猪血凝性脑脊髓炎、仔猪先天性震颤、破伤风、仔猪水肿病、猪链球菌病（脑膜炎型）、副猪嗜血杆菌病、李氏杆菌病、猪食盐中毒、猪硒缺乏症等相鉴别。

1.与伪狂犬病的鉴别

相关内容见"第一章 猪病毒病的类症鉴别"中"六、伪狂犬病"。

2.与脑心肌炎的鉴别

相关内容见"第一章 猪病毒病的类症鉴别"中"十四、脑心肌炎"。

3.与猪血凝性脑脊髓炎的鉴别

（1）相似点　神经症状。

（2）不同点　猪血凝性脑脊髓炎病猪常有磨牙症状，失明，眼球震颤，眼观病变不明显。病料经RT-PCR检测呈PHEV结构蛋白（S、M、N）基因阳性，或实时定量PCR方法鉴别检测确定为PHEV阳性。

4.与仔猪先天性震颤的鉴别

相关内容见"第一章 猪病毒病的类症鉴别"中"十五、仔猪先天性震颤"。

5.与破伤风的鉴别

相关内容见"第二章 猪细菌病的类症鉴别"中"三、破伤风"。

6.与仔猪水肿病的鉴别

相关内容见"第二章 猪细菌病的类症鉴别"中"七、猪大肠杆菌病"。

7.与猪链球菌病的鉴别

相关内容见"第二章 猪细菌病的类症鉴别"中"八、猪链球菌病"。

8.与副猪嗜血杆菌病的鉴别

相关内容见"第二章 猪细菌病的类症鉴别"中"十、副猪嗜血杆菌病"。

9.与李氏杆菌病的鉴别

（1）相似点　神经症状。

（2）不同点　李氏杆菌病病料或分离纯化细菌为"V"字形排列的革兰氏阳性细小杆菌，PCR检测呈李氏杆菌16S rRNA基因阳性。

10.与猪食盐中毒的鉴别

相关内容见"第八章 猪中毒病的类症鉴别"中"四、猪食盐中毒"。

11.与猪硒缺乏症的鉴别

（1）相似点　神经症状；肝脏损伤。

（2）不同点　猪硒缺乏症属于营养代谢性疾病，根据临诊基本症候群，结合病史、病理变化及亚硒酸钠治疗效果等，可做出初步诊断。确诊需采血液做硒定量测定和谷胱甘肽过氧化物酶活性测定。

（六）防制方法

1.预防措施

保证母猪产后充足的乳汁供应，是预防该病的关键，因此妊娠期母猪应给予全价的优质饲料，有条件的可喂青绿多汁饲料。在母猪生产时，注意防止继发感染子宫炎和乳腺炎等；在产后，加强对仔猪的护理，对不让仔猪吮乳或仔多乳头少而吃不到母乳的病例，可适当进行人工哺乳。

2.治疗方法

对症治疗可用5%或10%葡萄糖液20～40毫升，腹腔或皮下分点注射，每隔3～4小时一次，连用2～3次。如仔猪患有影响吮乳和消化系统的疾病，补糖的同时积极治疗原发病，同时应注意保温、减少应激等。

要及时解决母猪少乳或无乳的问题。母猪少乳或无乳，若是营养不良引起的，要及时改善饲料，加强护理；若是母猪感染其他疾病所致，要积极加以治疗。对母猪无乳的病例可给仔猪人工哺乳。

三、猪钙和磷缺乏症

猪钙和磷缺乏症主要表现为佝偻病和软骨病。佝偻病主要发生于新生仔猪，软骨病常见于成年母猪，多发生于泌乳中、后期。

（一）病因

主要原因有饲料中钙、磷的绝对含量不足；饲料中钙相对过高，磷相对不足；饲料中维生素D或维生素D源不足。另外，影响钙、磷吸收利用的因素，如母猪年龄、妊娠、哺乳，无机钙源（$CaCl_2$、$CaCO_3$、$CaSO_4$、CaO）的生物效价，日粮有机物（蛋白质、脂类）缺乏或过剩，其他矿物质（如锌、铜、钼、铁、镁、氟）缺乏或过剩，常可产生间接影响。

（二）临床特征

佝偻病早期病猪食欲减少，消化不良，精神沉郁；然后出现异食癖，病猪喜卧，不愿意运动，运动时发抖，发育停滞，消瘦，后期硬腭肿胀，口腔闭合困难，关节肿胀变形，骨质变软，容易骨折，长肢骨弯曲，呈弧形或外展呈"X"形。软骨病病猪跛行，站立困难，有异食癖，除喜啃骨头、嚼瓦砾外，还食胎衣。

（三）病理变化

佝偻病病猪剖检可见，肋骨与肋软骨交接处骨质增生、肿胀；X线检查可看到骨密度降低，长骨末端呈现"羊毛状"或"虫蚀状"外观。软骨病病猪X线检查见骨密度不均，生长板边缘不整，干骺端边缘和深部出现不规则的透亮区。

（四）诊断要点

根据猪发病日龄、饲养管理情况、病程经过（慢性经过）、生长迟缓、异食癖、运动困难以及牙齿和骨骼变化及治疗效果可做出诊断。必要时结合血液学检查、X线检查、饲料成分分析等，即可诊断。

（五）类似病症鉴别

该病应与猪异食癖相鉴别。

与猪异食癖的鉴别

（1）相似点　舔食各种异物。

（2）不同点　钙和磷缺乏猪可表现牙齿和骨骼变化，根据治疗效果、结合血液学检查、X线检查、饲料成分分析等即可诊断。

（六）防制方法

1.预防措施

根据生长、怀孕和泌乳等不同生长期或生理期，按照饲养标准补足钙、磷及维生素D，并注意饲料中钙、磷比例。猪圈要通风良好，扩大光照面积。

2.治疗方法

补喂磷酸氢钙，成年怀孕母猪每天每头50克，仔猪每头10克；仔猪可加喂鱼肝油，每天2次，每次一茶匙，或骨粉10～30克。

四、猪硒缺乏症

猪硒缺乏症是指由于微量元素硒缺乏而引起的一种猪营养代谢障碍性疾病。其临诊上以发病死亡猪的骨骼肌、心肌、肝脏的变性和坏死及渗出性素质为特征。

（一）病因

日粮或饲料硒含量不足。贫硒土壤生长的植物中硒缺乏或含量不足，长期以这种缺硒的植物为饲料，易致猪硒缺乏。青绿饲料缺乏，蛋白质、矿物质（钴、锰、碘等）、维生素（维生素E、维生素A、维生素B_1、维生素C）缺乏或比例失调，也可引起硒缺乏，尤其是维生素E的缺乏或不足，通常可成为硒缺乏症的重要因素。硒的拮抗元素是锌、铜、砷、铅、镉、硫酸盐等，这些可致硒的吸收和利用受到抑制和干扰，引起猪的相对性硒缺乏症。长途运输等应激是硒缺乏的诱发因素。

（二）临床特征

病猪体温一般正常，精神不振，喜卧，昏睡，食欲减退，眼结膜充血或贫血。皮肤病初白毛猪为粉红色，随后转为紫红色或苍白，颈下、胸下、腹下及四肢内侧皮肤发紫。白肌病型（骨骼肌型）病猪，初期行走时后躯摇晃或跛行，严重时后肢瘫痪，前肢跪地行走，强行起立时肌肉震颤，叫声嘶哑。肝坏死型多发生于3周龄至4月龄，尤其是断奶前后的仔猪，多于断奶后死亡；急性病例多为体况良好、生长迅速的仔猪，突然发病死亡。存活仔猪常伴有严重呼吸困难、黏膜发绀、躺卧不起等症状，强迫运动能引起立即死亡。肝坏死型病猪还会出现食欲不振、呕吐、腹泻，后肢衰弱，臀及腹部皮下水肿等现象，病程长者可出现黄疸、腹胀和发育不良症状。心肌型病猪心跳、呼吸快而弱，心律不齐。渗出性素质型病猪，以皮下水肿或肌红蛋白尿为特征。

（三）病理变化

1.白肌病型（骨骼肌型）

皮肌、前肢、后肢、躯干部位的肌肉变性坏死，病变为对称性损害。初生仔猪皮下和皮肌的肌间组织水肿，呈渗出性素质。哺乳仔猪肌肉色淡，似煮肉样。青年猪营养良好，部分骨骼肌肌群呈不同程度灰白色条纹状变性坏死。

2.肝坏死型

病猪皮下多黄染，腹水增多，肝脏不同程度肿大、质脆，有的呈淀粉样。早期肝脏表面、切面见灶状或弥散性色彩不一、小米粒大出血或坏死。典型病变为肝脏高度肿胀，质地极脆，似豆腐渣，表面见大面积变性、出血、坏死，表面颜色不一、粗糙不平，红黄褐灰白等颜色不一，形成了花肝。病程久的病猪因坏死、增生，可见肝脏表面凹凸不平、硬化，表面有小球状结节。

3.心肌型

病猪心脏扩大，横径变宽呈圆球状，沿心肌纤维走向，发生多发性出血而呈红紫色（营养性毛细血管病），外观颇似桑葚样，故称桑葚心。心内、外膜有大量出血点或弥漫性出血，心肌间有灰白或黄白色条纹状变性和斑块状坏死区。

（四）诊断要点

根据临诊基本症候群，结合病史、病理变化以及亚硒酸钠治疗效果等，可做出初步诊断。确诊需做病理组织学检查，采血液做硒定量测定和谷胱甘肽过氧化物酶活性测定。

（五）类似病症鉴别

该病应与猪圆环病毒2型感染、伪狂犬病、脑心肌炎、猪血凝性脑脊髓炎、仔猪先天性震颤、破伤风、仔猪水肿病、猪链球菌病（脑膜炎型）、副猪嗜血杆菌病、李氏杆菌病、猪蛔虫病、猪附红细胞体病、黄曲霉毒素中毒、猪食盐中毒、新生仔猪溶血病、猪中暑、仔猪低血糖症等疾病相鉴别。

1.与猪圆环病毒2型感染的鉴别

相关内容见"第一章 猪病毒病的类症鉴别"中"五、猪圆环病毒2型感染"。

2.与伪狂犬病的鉴别

相关内容见"第一章 猪病毒病的类症鉴别"中"六、伪狂犬病"。

3.与脑心肌炎的鉴别

相关内容见"第一章 猪病毒病的类症鉴别"中"十四、脑心肌炎"。

4.与猪血凝性脑脊髓炎的鉴别

（1）相似点　神经症状。

（2）不同点　猪血凝性脑脊髓炎病猪常有磨牙症状，失明，眼球震颤，眼观病变不明显。病料经RT-PCR检测呈PHEV结构蛋白（S、M、N）基因阳性，或实时定量PCR方法鉴别检测确定为PHEV阳性。

5.与仔猪先天性震颤的鉴别

相关内容见"第一章 猪病毒病的类症鉴别"中"十五、仔猪先天性震颤"。

6.与破伤风的鉴别

相关内容见"第二章 猪细菌病的类症鉴别"中"三、破伤风"。

7.与仔猪水肿病的鉴别

相关内容见"第二章 猪细菌病的类症鉴别"中"七、猪大肠杆菌病"。

8.与猪链球菌病（脑膜炎型）的鉴别

相关内容见"第二章 猪细菌病的类症鉴别"中"八、猪链球菌病"。

9.与副猪嗜血杆菌病的鉴别

相关内容见"第二章 猪细菌病的类症鉴别"中"十、副猪嗜血杆菌病"。

10.与李氏杆菌病的鉴别

（1）相似点　神经症状。

（2）不同点　李氏杆菌病病料或分离纯化细菌为"V"字形排列的革兰氏阳性细小杆菌，PCR检测呈李氏杆菌16S rRNA基因阳性。

11.与猪蛔虫病的鉴别

相关内容见"第三章 猪寄生虫病的类症鉴别"中"一、猪蛔虫病"。

12.与猪附红细胞体病的鉴别

相关内容见"第六章 猪附红细胞体病的类症鉴别"。

13.与黄曲霉毒素中毒的鉴别

相关内容见"第八章 猪中毒病的类症鉴别"中"二、黄曲霉毒素中毒"。

14.与猪食盐中毒的鉴别

相关内容见"第八章 猪中毒病的类症鉴别"中"四、猪食盐中毒"。

15.与新生仔猪溶血病的鉴别

相关内容见"第九章 猪内科病的类症鉴别"中"一、新生仔猪溶血病"。

16.与猪中暑的鉴别

相关内容见"第九章 猪内科病的类症鉴别"中"二、猪中暑"。

17.与仔猪低血糖症的鉴别

相关内容见"第十二章 猪营养代谢病的类症鉴别"中"二、仔猪低血糖症"。

（六）防制方法

在缺硒地区的饲料中补加含硒和维生素E的饲料添加剂，或尽可能采用硒和维生素E

较丰富的饲料喂猪，如小麦、麸皮含硒较高，种子的胚乳中含维生素E较多。病猪治疗可使用0.1%亚硒酸钠溶液，肌内注射，配合维生素E制剂，效果良好。

五、猪异食癖

猪异食癖是由于多种原因引起的一种功能紊乱、味觉异常的综合征。

（一）病因

病因复杂，包括饲养密度过大、饲料单一、营养不全；日粮中缺乏某些物质、维生素、蛋白质和某些氨基酸以及食盐供给不足；钙磷比例失调，发生佝偻病和软骨病；慢性胃肠炎、寄生虫病等。

（二）临床特征

患猪食欲下降，舔食各种异物，如啃吃泥土、石块、砖头、煤渣、烂布头、破布、毛发、尼龙丝等（图12-3）。育成猪相互咬对方的尾巴、耳朵，舔血。久之猪被毛粗糙，拱背，磨牙，消瘦，生长发育停滞；哺乳母猪泌乳减少，甚至吞食胎衣和仔猪。个别患猪贫血、衰弱，最后衰竭死亡。

（三）病理变化

在啃咬部位常引起外伤，并伴有出血、感染、化脓等症状。

图12-3　异食癖猪胃内取出的尼龙丝等异物（陈立功供图）

（四）诊断要点

依据临诊症状不难做出诊断，但查出真正的原因却很难。根据病史、临诊症状、治疗性诊断、实验室检查、饲料成分分析等资料综合分析，才能确诊。

（五）类似病症鉴别

临床注意与猪钙和磷缺乏症区别。

与猪钙和磷缺乏症的鉴别

相关内容见"第十二章 猪营养代谢病的类症鉴别"中"三、猪钙和磷缺乏症"。

（六）防制方法

加强饲养管理，给予全价日粮，保证日粮各种营养充足、比例适当，多喂青草或青贮饲料，补饲谷芽、麦芽、酵母等富含维生素的饲料。发现病猪，应分析病因，及时治疗。单纯性异食癖，可试用碳酸氢钠、食盐或人工盐，每头每天10～20克。因日粮中缺乏蛋白质和某些氨基酸引起的，应在原日粮中添加鱼粉、血粉、肉骨粉和豆饼等；因缺乏维生素引起的，应增喂青绿多汁饲料和添加维生素；因佝偻病和软骨病引起的，应补充骨粉、碳酸钙、磷酸钙及维生素A、维生素D等。

参考文献

[1] 潘耀谦，刘兴友，潘博. 猪病诊治彩色图谱. 3版. 北京：中国农业出版社，2017.

[2] 董世山，许利军，陈立功. 猪病防治新技术宝典. 北京：化学工业出版社，2020.

[3] Jeffrey J. Zimmerman，Locke A. Karriker，Alejandro Ramirez，et al. 猪病学（原著第10版）. 赵德明，张仲秋，周向梅，等主译. 北京：中国农业大学出版社，2014.

[4] 陈立功，董世山. 猪常见病诊治彩色图谱. 北京：化学工业出版社，2014.

[5] 宣长和，马春全，陈志宝，等. 猪病学. 3版. 北京：中国农业大学出版社，2010.

[6] 杜向党，李新生. 猪病类症鉴别诊断彩色图谱. 北京：中国农业出版社，2010.

[7] 徐有生. 科学养猪与猪病防制原色图谱. 北京：中国农业出版社，2009.

[8] 王泽岩，赵建增. 猪病鉴别诊断与防治原色图谱. 北京：金盾出版社，2008.

[9] 刘聚祥，董世山. 猪病防治200问. 北京：中国农业出版社，2008.

[10] 宣长和，王亚军，邵世义，等. 猪病诊断彩色图谱与防治. 北京：中国农业科学技术出版社，2005.